Thomas Riepe

DA MUSS ER DURCH!

Über Schlagworte und Sprüche
aus der Hundewelt

animal Learn®
VERLAG

ISBN 978-3-936188-47-9

Lektorat: Susanne Artmann
Illustrationen: Andrea Lühr, Hamburg
Satz & Layout: Annette Gevatter, Riegel a.K.
Printed in Hungary

Alle Rechte der deutschen Ausgabe:
animal learn Verlag, Am Anger 36, 83233 Bernau
email: animal.learn@t-online.de, www.animal-learn.de

Inhalt

Einleitung

Hunde sind faszinierende Lebewesen. Ich glaube, es gibt kein anderes Tier, das derart viele Aufgaben und vor allem Ansprüche des Menschen erfüllt und erfüllen muss wie der Hund. Sie müssen für Menschen um Geld kämpfen, geraten als Schutzhunde zwischen menschliche Auseinandersetzungen, suchen Sprengstoff, Drogen oder vermisste Menschen. Sie bewachen unser Eigentum, wärmen unsere Kinder oder sind einfach nur Spielkameraden für sie. Vater nimmt den Hund zum Joggen mit, während Mutter am Familienhund die neueste Halsbandmode spazieren führt. In Hundevereinen müssen sie „funktionieren" wie Roboter, während andere nur als Sofakissen fungieren. Hunde sind Sozialpartner, Seelentröster, Sportgerät, Wärmflasche und Prestigeobjekt – und so viele „Einsatzmöglichkeiten" es für unsere besten Freunde gibt, so viele Meinungen der Menschen gibt es auch über die Art und Weise, wie wir mit den Hunden umzugehen haben. Nein, es ist falsch, was ich sage. Es gibt nicht nur genau so viele Meinungen wie „Einsatzmöglichkeiten" – es gibt sehr viel mehr Meinungen.

In der deutschsprachigen „Hundeszene" (ein unpassendes Wort, weil sich die Hunde ja nicht an den Diskussionen beteiligen können) herrscht heute ein unglaubliches Durcheinander. Der normale Hundehalter wird mit den Meinungen und vor allem Meinungsverschiedenheiten der Expertenwelt dermaßen überhäuft, dass sich bei ihm immer mehr Verunsicherung breit macht, was ein entspanntes Miteinander von Hund und Mensch eher erschwert, statt vereinfacht. Bei der Verfolgung der Diskussionen gewinne ich leider manchmal den Eindruck, als ginge es einigen dieser Fachleute gar nicht in erster Linie darum, kynologisches Wissen zum Wohle der Hunde zu verbreiten, sondern eher, mit ihrer Meinung Recht zu behalten. Deshalb möchte ich hier kein weiteres Buch veröffentlichen, das die ein oder die andere „Philosophie" blind unterstützt, denn ich zähle mich nicht zu denen, die mit Hunden arbeiten und dabei stur an einer „Methode" festhalten, die vielleicht gerade modern ist. Ich habe mir vielmehr so ziemlich alle Methoden und Philosophien angeschaut, mit denen Hunde – und ihre Halter – heute konfrontiert werden, und daraus meine ganz eigene Philosophie entwickelt, die aber sicher nicht das Maß aller Dinge ist.

Es gibt Erkenntnisse über das Lernverhalten von Hunden, ihr Ausdrucksverhalten und ihre Kommunikation oder wie und wo positive und negative Verstärkung, Belohnung oder Strafe im Gehirn abgespeichert werden, die, zumindest nach heutigem Stand der Wissenschaft, als gesichert gelten. Aber zusätzlich gibt es darüber hinaus viele Verhaltensmuster beim Hund, die man durchaus unterschiedlich interpretieren und bewerten kann. Letztlich sollte deshalb jeder Hundehalter, besonders aber jeder Trainer, Tierarzt oder Verhaltenstherapeut, der sich ernsthaft mit Hunden beschäftigt, über ein breit gefächertes Fachwissen aus möglichst vielen Quellen verfügen, das in einer eigenen Meinung zu bestimmten Fragen der Hundehaltung und -erziehung mündet und Lösungswege für evtl. auftretende Probleme findet. Die ewige Rechthaberei in der Hundeszene sollte dabei im Idealfall ad acta gelegt werden.

Bei aller Toleranz gegenüber den verschiedenen Methoden und Ansichten bezüglich des Umgangs mit Hunden gibt es für mich aber auch Grenzen und klare Vorstellungen, bei denen ich nicht wirklich diskussionsbereit bin. So wird mir niemand auch nur die kleinste Form von Gewalt- oder Schmerzeinwirkung gegenüber einem Hund abverlangen können. Sicher bin ich kein blinder Verfechter einer „antiautoritären Erziehung". Natürlich müssen Hunde Regeln befolgen und dabei bin ich gelegentlich auch mal anderer Meinung als mein Hund. Aber niemals darf man einem Hund seine Meinung mit Gewalt einprügeln oder schmerzbringende Hilfsmittel einsetzen. Ich kann meinem Hund körpersprachlich mitteilen, was ich von ihm möchte, und sicherlich darf ich ihm auch in unfreundlich verbaler Form verständlich machen, wenn seine derzeitige Handlung nicht den Regeln entspricht. Aber ich darf meinem Hund keine Schmerzen zufügen oder ihn derart verängstigen, dass er seelischen Schaden nimmt, denn schließlich sind Hunde unsere Freunde und auch meinen menschlichen Freunden würde ich so etwas nicht antun, wenn sie sich mal nicht an die Regeln halten. Ich würde in einem solchen Fall lieber versuchen, dieses Problem mit einer Kommunikation zu beheben, die alle Beteiligten verstehen. Wer Gewalt anwendet, ist vermutlich nicht in der Lage, andere Lebewesen wirklich zu verstehen und mit ihnen zu kommunizieren.

Dieses Buch soll eine kleine Hilfe für die Menschen sein, die mit unglaublich vielen Schlagworten und Sprüchen rund um den Hund konfrontiert werden. Einige dieser Schlagworte und Sprüche werden hier durchleuchtet und näher betrachtet. Dabei lege ich Wert auf die Nachweisbarkeit der Fakten, die ich durch Quellenangaben und Literaturhinweise am Ende des Buches transparent mache. Aber natürlich kann man nicht jede Ausführung an einer Studie festmachen, auch meine eigenen Erfahrungen, Feldforschungen und Meinungen kommen hier zum Tragen – die, wie bereits erwähnt, nicht das Maß aller Dinge sein können und dürfen. Sie als Leser möchte ich einladen, sich anhand der aufgeführten Argumente und Denkanstöße ein eigenes Bild zu machen.

Hunde haben nur ein Kurzzeitgedächtnis

Die Aussage, dass Hunde nur über ein Kurzzeitgedächtnis verfügen, ist ein typisches Beispiel dafür, dass Tatsachen und Erkenntnisse oft falsch interpretiert werden und so zu falschen Schlüssen führen. Viele Hundehalter können bestätigen, dass sich ihre Tiere sogar nach Wochen und Monaten an Ereignisse, Personen oder bestimmte Orte erinnern. Wenn Sie zum Beispiel mit Ihrem Hund an einem Ort spazieren gehen, wo plötzlich ein paar Rehe aufspringen, denen er versucht hinterher zu hetzen, dann werden Sie etwas über sein Langzeitgedächtnis erfahren, wenn Sie einige Zeit später wieder an der gleichen Stelle spazieren gehen. Ihr Hund wird sich nämlich in der Regel daran erinnern, dass genau dort, hinter dieser Weggabelung, damals die Rehe herausgelaufen kamen, und mit erhöhter Spannung reagieren. Ähnlich ist es mit dem Wiedererkennen von Personen: Hätten Hunde wirklich lediglich ein Kurzzeitgedächtnis, wäre es ihnen ja nicht möglich, sich an positive oder auch negative Begegnungen mit bestimmten Menschen zu erinnern – was sie sehr wohl tun, wie jeder Hundehalter weiß. Wie kam es also zu der Mär vom Kurzzeitgedächtnis des Hundes?

Man weiß, dass Hunde auf verschiedene Art und Weise lernen. Eine Lernform ist das so genannte Verknüpfungslernen, bei dem der Hund zwei oder mehrere Situationen, Personen oder auch Objekte gedanklich miteinander in Beziehung setzt. Nehmen wir das Beispiel eines fortgelaufenen Hundes, da es sich an dieser Stelle sehr gut als Erklärung anbietet.

Nehmen wir also an, dass unser Hund sich selbstständig gemacht hat und einem Hasen hinterhergelaufen ist. Als er zurückkommt, sind wir noch so verärgert und erregt, dass wir ihn heftig ausschimpfen, weil er doch weggelaufen ist... Aber unser Hund steht nur da und schaut mit schräg gelegtem Kopf und angelegten Ohren und versteht gar nicht, warum er denn jetzt gerade ausgeschimpft wird. Er ist doch gerade zu uns zurück gekommen, und dafür wird er jetzt ausgeschimpft? „Gut", wird er sich denken, „dann komme ich halt das nächste Mal lieber nicht so schnell zurück, denn dafür werde ich getadelt."

Der Grund, weshalb beim Hund dieser Lernvorgang ausgelöst wird, liegt darin, dass Hunde direkt gedanklich verknüpfen. Ein Hund führt eine Handlung aus, und die direkt darauf folgende Konsequenz führt er auf die zuletzt gezeigte Handlung zurück. Aus Sicht des Hundes sieht der Lernprozess deshalb etwa so aus: „Also, ich komme zurück (Handlung) und werde ausgeschimpft (Konsequenz)." Daraus schließt er, dass es nicht richtig ist, zurückzukommen.

Natürlich weiß der Hund noch, dass er den Hasen gejagt hat. Aber diese Handlung hatte keine (positive oder negative) Konsequenz für ihn in Bezug zu seinem Menschen. Die einzige Konsequenz hatte die Rückkehr. Hunde verfügen nicht über eine so komplexe Sprache wie wir Menschen, die auch abstrakt vermitteln kann, was wir vor einiger Zeit getan haben oder in weiterer Zukunft vor haben, zu tun. Der Hund kann nur direkt die Handlung mit der darauffolgenden Konsequenz verknüpfen.

Eine Ausnahme bildet wahrscheinlich die so genannte Objektverknüpfung. Man geht nach heutigem Wissensstand davon aus, dass der Hund, wenn er zum Beispiel ein Möbelstück angekaut hat, später versteht, wenn man mit dem Finger auf das von ihm zerstörte Objekt zeigt, dass er hier etwas getan hat. Er wird sich daran erinnern, dass er daran herumgekaut hat (auch wenn er dies in seinem Verständnis nicht als „Schaden" definiert) und dies offensichtlich nicht erwünscht ist.

Aber im Allgemeinen muss man davon ausgehen, dass Hunde nicht „um Ecken" denken können und auch die abstrakte menschliche Sprache nicht so verstehen wie wir. Natürlich verstehen Hunde einzelne Wörter oder immer gleiche Wortketten, auf die sie durch immer gleich folgende Handlungen konditioniert wurden. „Wollen wir Gassi gehen?" löst Freude aus, „Schön warten" beim Verlassen des Hauses lässt den Hund wissen, dass er daheim bleiben soll.

Hunde verstehen es aber garantiert nicht, wenn wir ihnen erzählen, wie unser Arbeitstag war. Genauso wenig, wie sie verstehen, wenn wir nach mehreren Zwischenhandlungen noch über eine zurückliegende Handlung meckern. Also, Handlung und Konsequenz müssen beim Hund direkt aufeinander folgen, damit er verstehen kann, worum es geht und was er darf oder nicht. Dies hat aber nichts damit zu tun, dass er angeblich ein Kurzzeitgedächtnis hätte. Wenn dem so wäre, müssten sie ja alles, was sie gelernt haben, innerhalb weniger Stunden oder Tage wieder vergessen. Das ist natürlich absurd, so würde jeder Wildhund verhungern, weil er dauernd vergisst, wie man Beute erlegt... ☺

Es ist also im Gegenteil so, dass Hunde über ein ausgesprochen gutes Kurzzeitgedächtnis und ein Langzeitgedächtnis verfügen, das wichtige Daten aus dem primären Kurzzeitgedächtnis übernimmt und über Tage, Wochen, Monate oder sogar Jahrzehnte abspeichert. Das funktioniert genauso wie beim Menschen.

Hunde haben kein Zeitgefühl

Hundehaltung kostet Geld, das wird jeder wissen, der mit einem oder mehreren Vierbeinern lebt. Allerdings können Hunde auch manchmal bei Einsparungen helfen. So brauche ich mir zum Beispiel mit Sicherheit keinen neuen Wecker kaufen, wenn mein bisheriger einmal seine Dienste versagt. Die Aufgabe des Weckens erledigt mein Hund Puzzel mit einer derartigen Präzision, als hätte er eine Atomuhr verschluckt. So setzt er sich jeden Morgen für ca. 30 Sekunden vor mein Bett und schaut mich intensiv an – bis dann der Wecker „loslegt". Puzzel weiß also ohne vorherige Ankündigung fast auf die Sekunde genau, wann mich der Wecker aus dem Bett treibt. Ich kann mich da absolut auf ihn verlassen – leider auch am Wochenende. Da sitzt Puzzel dann nämlich auch zur gleichen Zeit vor mir und wartet darauf, dass ich aufstehe...

Doch woher weiß er, wann der Wecker Lärm machen wird? Das kann doch eigentlich nur auf eine „innere Uhr" zurückzuführen sein – denn auch wenn ich inzwischen gelernt habe, dass Hunde vieles können, was wir Menschen für unmöglich hielten, das Ablesen der Uhrzeit gehört sicher nicht dazu. Aber wenn er eine innere Uhr hat und ein gewohntes Ereignis punktgenau „vorhersagen" kann, wie kann es dann sein, dass viele Menschen

immer wieder Sätze wie „Hunde haben kein Zeitgefühl, deshalb kann man sie ruhig sehr lange allein
lassen." oder „Ob Du nun zehn Minuten weg warst
oder zehn Stunden ist dem Hund egal, er kann das
nicht unterscheiden." verbreiten?

Eigentlich brauche ich gar nicht lange zu überlegen, weshalb
Menschen solche Sätze bemühen. Wahrscheinlich wollen sie
damit ihr eigenes Gewissen beruhigen, wenn sie ihrem gelieb-
ten Vierbeiner etwas antun, was wirklich nicht in Ordnung ist,
ihn nämlich viel zu lange allein zu lassen. Denn das hoch soziale Lebewesen Hund wurde definitiv nicht dafür geschaffen,
vereinsamt zu werden.

Nun gut, die psychologische Einschätzung der menschlichen
Gewissensgründe treffe ich hier einmal ohne mir bekannte wissenschaftliche Belege, die es vielleicht zu einem solchen Verhalten geben mag oder auch nicht. Wissenschaftlich durchaus
erforscht und belegt ist aber, dass Hunde ebenso über ein Zeitgefühl verfügen, wie wir Menschen. So orientieren sich Menschen und Tiere gleichermaßen an äußeren Reizen und Informationen – seien es regelmäßig wiederkehrende Töne wie zum
Beispiel beim Wecker, einem sich öffnenden Tor oder Ähn-
lichem, Futterzeiten, angenehmen oder auch unangenehmen
regelmäßigen Gewohnheiten und vielem mehr. Natürlich werden auch Informationen wie Licht, der Sonnenstand usw. mit
einbezogen – Reize, die den Tagesrhythmus und die innere Uhr
stellen. Bei Menschen wie Tieren wird nach den vorher genannten Faktoren ein individueller „Zeittakt" eingestellt, der das
persönliche Zeitempfinden regelt. Diese „innere Uhr", auch
Zentraluhr oder im englischen „Master Clock" genannt, besteht
aus einigen tausend Nervenzellen im Gehirn. Hier wird diese
innere Uhr zum Beispiel über die Wahrnehmung von regelmäßigen Reizen über das Auge täglich neu gestellt. Über so

genannte Neurotransmitter, Botenstoffe mit denen sich die Nervenzellen untereinander verständigen, wird ein einheitlicher Takt hergestellt, der dann auch alle anderen Körperzellen beeinflusst. Kurz und weniger trocken ausgedrückt: Puzzels Takt ist so eingestellt, dass er jeden Morgen zur gleichen Zeit weiß, wann der Wecker klingeln wird. Auch wenn dieser am Wochenende gar nicht gestellt ist...

Rein biologisch gesehen gibt es zwischen dieser inneren Uhr bei Menschen und Hunden keine gravierenden Unterschiede. Hunde haben demnach ein Zeitgefühl, das man mit dem eines Menschen vergleichen kann. Was Hunde nicht können, ist auf die Uhr schauen, um festzustellen, dass es noch genau drei Stunden dauert, bis zum Beispiel der Halter von der Arbeit nach Hause kommt. Er weiß nur, dass es noch lange dauert, und zehn Minuten vor der Rückkehr weiß er aber auch, dass bald die Tür aufgeht und die verbleibende Wartezeit nur noch kurz ist...

Dieses Zeitempfinden ist natürlich nicht nur auf die „geregelten Tagesabläufe" bezogen. Durch die Taktung des Gehirns hat der Hund ein Zeitgefühl, das ihm lange oder kurze Zeiträume bewusst macht, und ganz bestimmt bekommt ein Hund mit, wenn er lange allein gelassen wird. Und wie schon gesagt, das soziale Lebewesen Hund ist nicht gern lange allein, weshalb Verlassensängste und Verhaltensänderungen die Folge sein können. Aber das ist natürlich individuell zu sehen. Sicherlich können Hunde bei entsprechender Gewöhnung eine Zeit lang allein sein. Ich möchte hier keine Zeitempfehlung geben, aber ein Arbeitstag, der acht Stunden dauert, ist für einen Hund deutlich zu lang, um ohne sozialen Kontakt zu sein. Da helfen dann auch keine Sprüche, die das schlechte Gewissen beruhigen sollen...

Das Rudel

Das Wort Rudel ist ein typischer Begriff, der von verschiedenen Menschen und verschiedenen Blickrichtungen immer wieder unterschiedlich interpretiert wird. Dabei gibt es für den Begriff keine echte Definition. Das Wort Rudel wird ungefähr seit dem 17. Jahrhundert benutzt und entstammt wahrscheinlich der Jägersprache. Der Brockhaus definiert den Begriff in einer Edition als „eine Herde von Hirschen, Gämsen, Rehen oder Wölfen" oder, in einer anderen Ausgabe in 15 Bänden, folgendermaßen: „Jägersprache: Bezeichnung für eine Herde von Hirschen oder Wölfen." Das Internetlexikon Wikipedia ist da etwas ausführlicher und spricht von einem „Zusammenschluss einer größeren Anzahl (mehr als zwei) von bestimmten, wild lebenden Säugetierarten".

Der Begriff stammt wohl tatsächlich aus der Jägersprache und ist nicht näher definiert. Er zeigt nur eine Gruppe von Säugetieren an, die mehr als zwei Individuen umfasst. Demnach ist die Bezeichnung sicherlich nicht falsch, wenn man eine Wolfsfamilie beschreibt, die mit mehreren Individuen in einem Territorium zusammen lebt und auch gemeinsame Streifzüge unternimmt. Allerdings interpretieren nach meiner Erfahrung die Menschen weitere Dinge in das Wort hinein, für das es wahrscheinlich gar nicht geschaffen wurde und die auch äußerst strittig sind.

So denken viele Menschen, dass ein Rudel ein Zusammenschluss verschiedener Individuen ist, die nicht unbedingt miteinander verwandt sind und die in strenger hierarchischer Ordnung einem oder zwei Leittieren folgen, den so genannten „Alphas".
Dieses angenommene Verhaltensmuster wird dann häufig unkritisch und bedenkenlos auf Haushunde übertragen. Weitere Ausführungen hierzu finden Sie in den folgenden Kapiteln. An dieser Stelle möchte ich mich zunächst mit dem Begriff „Rudel" auseinandersetzen, da er immer wieder für Verwirrungen sorgt. So ist eine Gruppe von Wölfen nach der Begriffsdefinition sicher ein Zusammenschluss mehrerer Säugetiere, aber es ist in den meisten Fällen keine dem Militär ähnliche organisierte Einheit. Ein Wolfsrudel besteht in der Regel aus eng verwandten Tieren, meist den Eltern, dem jugendlichen Nachwuchs aus dem Vorjahr, der bei der Aufzucht der aktuellen Welpen hilft und eben diesen Welpen. Erst im Alter von ca. zwei Jahren, je nach Umweltbedingungen, verlassen Wölfe ihr Rudel, ihre Familie, um eigene Wege zu gehen und um eine neue Familie zu gründen. Ein Wolfsrudel ist also eher ein Familienverband und wie es in Familien üblich ist, haben die Eltern dort aufgrund von mehr Erfahrung, Souveränität und Autorität (im positiven Sinne) die Führungspositionen inne. So sollte es zumindest sein, bei Menschenfamilien habe ich da häufig so meine Zweifel...

Wir können also festhalten, dass der Begriff Rudel von der Definition her für eine Wolfsfamilie sicher nicht falsch ist, durch die Assoziationen der Menschen aber leicht zu Verwirrungen und falscher, zu stark hierarchisch geprägter Behandlung der Haushunde führen kann. Daher versuche ich das Wort Rudel zu vermeiden, wenn von den Vorfahren unserer Hunde, den Wölfen gesprochen wird. Bei Hunderudeln, die ja tatsächlich aus den unterschiedlichsten Gründen von den wölfischen Idealfamilien abweichen und aus nicht miteinander verwandten Individuen bestehen können, kann man das Wort Rudel sicher eher anwenden – aber auch hier bevorzuge ich persönlich das Wort „Gruppe", denn es ist im Bewusstsein der Hundehalter nicht so militärisch/ hierarchisch strukturiert verhaftet. Mit dem Wort „Rudel" gehen Begriffe wie „Rudelführer", „der Alpha sein", „den Hund im Rang unter sich einweisen" usw. einher, die in den vergangenen Jahrzehnten zu vielen Missverständnissen geführt haben und oft ein Grund dafür waren, dass Hunde ungerecht und viel zu streng behandelt wurden. Und außerdem: Wolfsfamilien und Hundegruppen, das hört sich doch auch schöner an, oder?! Aber, wie gesagt, streng genommen könnte man beide auch als Rudel bezeichnen.

Last not least gibt es innerhalb der Hundeszene auch noch folgende Definition: Von einem Rudel spricht man dann, wenn mindestens drei oder mehr miteinander verwandte Tiere dauerhaft zusammen leben. Von einer Gruppe spricht man, wenn es sich um einen bunt zusammen gewürfelten Haufen von Hunden handelt, die zeitweise zusammen treffen (zum Beispiel auf der Spielwiese) oder dauerhaft in einem Haushalt zusammen leben. Nach dieser Definition gäbe es dann also eine Rudelhaltung in Tierheimen – hoffentlich! – nicht, denn das würde dann bedeuten, dass nicht kastrierte Hundepaare zusammengesetzt würden, um Familien zu gründen... was sicher nicht der Idee der sinnvollen Geburtenkontrolle im Tierschutz entspricht.

Rangordnung, Alpha, Dominanz, Vertrauen

In der Einleitung habe ich ja bereits erwähnt, dass es unglaublich viele Sichtweisen und Meinungen zum Verhalten von Hunden gibt. Ein sehr kontroverses Thema rund um den Hund ist die Deutung bzw. die Definition von Begriffen wie Rangordnung und Dominanz. Regelrechte Grabenkämpfe und Glaubenskriege herrschen innerhalb der Szene der Hundeexperten ganz speziell rund um diese Begriffe. Deshalb will ich versuchen, meine Definition und mein Verständnis zu erläutern, wobei für mich persönliche Erfahrungen eine große Rolle bei der Interpretation spielen. Am wichtigsten ist mir jedoch, dass vielleicht ein wenig mehr Verständnis für die Handlungen und Bedürfnisse der Hunde geweckt wird, persönliche Eitelkeiten finde ich im Interesse der Hunde nicht angebracht.

Bevor wir uns mit der Definition der Begriffe Rangordnung, Dominanz und Alphatier näher beschäftigen, sollten wir wie im vorherigen Kapitel erst einmal klären, was die Mehrheit der Menschen mit diesen Begriffen assoziiert. Hört man also den Begriff „Rangordnung", verbinden die meisten Menschen dieses Wort mit einer strengen, sehr hierarchischen, geradezu militärisch strukturierten Ordnung, in der Freiheiten, Befehlsgewalt und Kompetenzen in gerader Linie von oben nach unten straff durchorganisiert sind. Als „dominant" wird gern ein Individuum betitelt, das nach Macht strebt und permanent um sozialen Aufstieg bemüht ist. Ein „Alphatier" ist in der Vorstellung vieler Hundehalter der uneingeschränkte Herrscher über eine Gruppe von Lebewesen. So viel zur Definition dieser Begriffe durch den Menschen. Doch wie lauten im Vergleich dazu die Definitionen im wissenschaftlichen, im verhaltensbiologischen Kontext?

Eine Rangordnung ist in der Verhaltensbiologie tatsächlich eine Bezeichnung für die Hierarchie innerhalb von Tiergruppen, der Begriff Dominanz wird allerdings etwas komplexer und vor allem oft sogar gegensätzlich definiert. Während Drews zum Beispiel 1993 definierte, Dominanz sei ein Mangel an Aggression, befanden andere Verhaltensforscher, der Dominante sei der ständige Gewinner im agonistischen Kontext. Darüber hinaus gibt es weitere 15 Definitionen, die alle für sich in Anspruch nehmen, die jeweils korrekte zu sein. Da ist guter Rat teuer, wie man so schön sagt. Aber eine Gemeinsamkeit haben die meisten dieser Theorien doch, und so kann man zusammenfassend sagen, dass man mit Dominanz die Fähigkeit bezeichnet, sich gegen andere durchzusetzen, wie etwa in der Auseinandersetzung um Ressourcen wie Futter, Sexualpartner usw. Wichtig dabei ist aber, dass diese Dominanz immer beziehungsspezifisch und zeit- und situationsabhängig gesehen wird.

Alphatiere sind laut verhaltensbiologischer Definition die Tiere, die eine Gruppe anführen. Wie man an den Definitionen der Begriffe durch die Bevölkerung und die Verhaltensbiologie sieht, gibt es Übereinstimmungen aber auch Unterschiede, speziell was den Begriff Dominanz betrifft.

Der Begriff Rangordnung ist nur sehr allgemein definiert und nimmt keinen direkten Bezug auf unterschiedliche soziale Systeme verschiedener Tierarten. So haben Löwen zum Beispiel eine Rangordnung, innerhalb derer sich die erwachsenen Männchen unangefochten an der Spitze befinden, zumindest in der Futterrangordnung.

Dabei erlegen sie die Beutetiere nur selten selbst, die Arbeit erledigen fast ausschließlich die Weibchen. Doch dafür beschützen die männlichen (vermeintlich fauleren) Tiere die Weibchen und den Nachwuchs vor fremden Löwenmännchen, die das Rudel übernehmen möchten und nach Übernahme meist den gesamten Nachwuchs des Vorgängers töten, damit die Weibchen wieder empfangsbereit werden. Bei anderen Tiergruppen wie zum Beispiel Schimpansen oder Pavianen gibt es tatsächlich strenge Hierarchien, denen ein Alphatier vorsteht – welches aber immer aufpassen muss, nicht von einem anderen Mitglied der Gruppe gestürzt zu werden. Bei Hundeartigen aber sieht dies in der Regel anders aus, hier leben die Tiere eher in Familien zusammen, in denen die Rangordnung nichts weiter als eine Eltern-Kind-Beziehung ist, weshalb David Mech schon zu Beginn der 1990er Jahre feststellte, dass „…das typische Wolfsrudel eher als eine Familie mit erwachsenen Elterntieren angesehen werden sollte, bei der die Elterntiere die Aktivitäten der Gruppe lenken. Die Führung der Gruppe wird durch ein System der Arbeitsteilung untereinander aufgeteilt. Das Muttertier führt bei Aktivitäten wie der Jungenaufzucht und -verteidigung, während der Vater hauptsächlich bei Aktivitäten wie der Jagd, der Nahrungsbeschaffung und der damit verbundenen Wanderungen führt…" Die Alphas, so man sich von diesem Begriff nicht ganz verabschieden sollte, sind bei den Hundeartigen also ganz einfach die Eltern und nicht durch Kampf aufgestiegene Führungspersönlichkeiten.

Man kann aufgrund dieser Beispiele schon deutlich erkennen, dass die Begriffe Rangordnung und Alpha(tier) nur eine grobe Einteilung erlauben und dass man sie nicht pauschal für jede Gruppe von Tieren in gleicher Form anwenden kann, weil jede Tierart anders sozial organisiert ist.

Zur sozialen Ordnung des Haushundes kommen wir, nachdem wir uns noch den Begriff Dominanz näher angeschaut haben. Wie vorher erwähnt ist die eigentliche Bedeutung von Dominanz ein beziehungsspezifisches, zeitlich begrenztes Durchsetzen bestimmter Interessen. Um dies an einem Beispiel zu verdeutlichen: Nehmen wir an, ein relativ kleiner Hund (vielleicht ein Dackel) ist es gewohnt, sich gegenüber seinem vierbeinigen Mitbewohner (auch ein Dackel) regelmäßig durchzusetzen und diesem Futter oder ein Spielzeug wegzunehmen. Menschen neigen dann dazu, diesen Hund als dominant zu bezeichnen. Doch diese Behauptung kann sich stark relativieren, wenn man mit diesem vermeintlich dominanten Dackel auf einer Hundeauslaufwiese plötzlich auf einen anderen Hund trifft, der körperlich und/ oder psychisch überlegen ist. Der wird sich nämlich vermutlich durchsetzen, wenn es zu einer ernstgemeinten Auseinandersetzung um eine Ressource kommt. Dann war der Stärkere „dominant" – er hat sich in der Situation im Konflikt mit einem anderen Individuum durchgesetzt. Einem Lebewesen Dominanz als Eigenschaft zuzuschreiben ist somit laut Definition nicht richtig. Es gibt keinen zu jedem Zeitpunkt oder als Charaktermerkmal zu beschreibenden „dominanten Hund". Es gibt Hunde, die selbstbewusst (oder auch größenwahnsinnig...) sind – aber dominieren können sie nur in speziellen Situationen.

Die Begriffe „Rangordnung" und „Alphatier" kann man auch nicht pauschal benutzen, weil, wie vorher beschrieben, das Rangordnungsgefüge und die Alphastellung bei verschiedenen Arten sehr unterschiedlich gestaltet sein können. Doch wie sieht es mit Rangordnungen und Alphatieren bei unseren Hunden aus? Nun, dazu muss man erst einmal erläutern, wie sich das soziale Grundverhalten von Hunden darstellt, aber auch hierbei kommt man nicht um kontroverse Sichtweisen herum. Das Grundverhalten der Hunde hat seine Wurzeln natürlich im wild lebenden und einzigen Vorfahren des Hundes, dem Wolf. Aber der Hund ist natürlich kein ursprünglicher Wolf mehr. Vielmehr ist der Hund ein domestizierter Wolf, das heißt, der Hund ist an den „Lebensraum Mensch" angepasst und vom Menschen abhängig. Trotzdem ist das Grundverhalten des Wolfes im Hund nicht völlig ausgelöscht worden und man sollte sich das Wolfsverhalten als Fundament durchaus näher anschauen, um Hunde besser zu verstehen. Wie bereits im Kapitel über den Begriff „Rudel" erläutert wurde, ist ein Wolfsrudel eine Familie, in der sich Hierarchie und Rangordnung an einem einfachen Eltern-Kind-System orientiert. Im Normalfall, das muss man hier klar betonen! Wölfe sind nämlich sehr anpassungsfähige Lebewesen, die je nach Lebensraum, Umweltbedingungen und diversen anderen Umständen in der Lage sind, ihre sozialen Strukturen anzupassen. So kommt es auch vor, dass in Gegenden mit Nahrungsüberschuss mal familienfremde Wölfe Anschluss finden und „adoptiert" werden. Manchmal verpaaren sich diese adoptierten Tiere dann mit einem Familienmitglied, so dass es durchaus vorkommen kann, dass mehrere Wölfinnen innerhalb einer Familie, eines Rudels Nachwuchs bekommen. Es kann aber auch sein, dass Wolfseltern den Nachwuchs sehr frühzeitig aus dem eigenen Revier verweisen, wenn die Nahrungsgrundlagen knapp sind und nur für eine geringe Anzahl von Tieren Nahrung vorhanden ist. Wölfe sind wie Hunde sehr anpassungsfähig, sie sind von Natur aus sehr sozial im Verhalten und können mit verschiedenen sozialen Strukturen umgehen. Das soziale Grundverhalten ist jedoch auf eine Familie ausgerichtet, in der eine Rangordnung und/ oder Hierarchie nicht durch ständige Kämpfe etabliert werden muss. Ein junger Wolf möchte nicht mit seinen Eltern kämpfen, um das Rudel zu übernehmen. Wenn er eine eigene Familie gründen will, wandert er ab, um sich eine Partnerin zu suchen. Dieses Grundverhalten steckt auch noch insofern im Haushund, als dass er in der Lage ist, sich in verschiedenen Sozialverbänden zurechtzufinden, sich anzupassen. Dazu gehört auch, dass es Rangordnungen gibt, in die er sich einfügen kann. Seine soziale Grundstruktur ist aber längst nicht so stark darauf ausgelegt, innerhalb seiner eigenen Gruppe immer nur aufsteigen zu wollen, wie dies zum Beispiel bei Primaten wie Schimpansen, Pavianen oder Menschen der Fall ist...

Genauso unterschiedlich wie die Rangordnungen sind natürlich auch die Aufgaben und
Lebensweisen der so genannten Alphatiere.
Sind dies bei Löwen echte „Paschas" und
bei Primaten oft totalitäre Herrscher, so
sind es bei Hundeartigen eigentlich schlicht
und ergreifend die Eltern, die vielmehr für-
sorglich als totalitär sind. Das Wort „Alpha"
sollte man also nicht mit einem „Herrscher"
gleichsetzen. Wenn es um Wölfe geht, benutze
ich deshalb lieber Worte wie „Vater", „Mutter" oder „Eltern". Dadurch werden keine
falschen Assoziationen geweckt.

„Aber es gibt doch auch Hundegruppen oder Wolfsrudel, die
keine Familien sind, sondern nur aus nicht miteinander verwandten Tieren bestehen", wird sich jetzt mancher Leser zu
Recht fragen. Meist sind diese Konstellationen aber direkt
(durch gefangen gehaltene Wölfe oder Gruppenhaltung von
Hunden) oder indirekt durch den Menschen (zum Beispiel verwilderte Haushunde) beeinflusst. Hier bildet sich eher eine
Rangordnung, in die sich die Tiere einfügen. Darum sei es an
dieser Stelle noch einmal deutlich erwähnt: Ich
behaupte nicht, dass es unter Hunden keine Rangordnungen oder Vormachtstellungen geben kann.
Aber diese Rangordnungen und sozialen Gefüge sind
nicht als starres Gebilde und vor allem nicht als starre,
militärisch geordnete Struktur zu sehen. Soziale Strukturen und Ordnungen können vom hoch sozialen Tier
Hund durchaus den gegebenen Notwendigkeiten
angepasst werden. Nur so schaffen es die Hunde schließlich
seit Jahrtausenden, sich in menschliche Sozialsysteme einzu-
ordnen. Also, Rangordnungen gibt es, sie sind aber nicht das
Maß aller Dinge beim Hund. Ein Hund kann dominant in einer

Situation sein, aber ihm kann Dominanz nicht als grundsätzliche Eigenschaft zugeschrieben werden, denn er kann zwar selbstbewusst oder weniger selbstbewusst sein, aber nicht dauerhaft dominant. Und ein totalitärer Herrscher ist abgesehen davon auch kein guter Alpha...

... ein guter Anführer ist vielmehr jemand, dem man vertraut. So konnte ich bei meinen Beobachtungen an Wild- und auch Haushunden immer wieder feststellen, dass sich junge und unsichere Tiere an ruhigen, souveränen älteren orientieren. Diese werden von ihnen als Vorbilder, als Vertrauenstiere anerkannt, ihnen wird gefolgt. Bei ihnen fühlen sie sich offensichtlich sicher und bauen darauf, dass diese Futter besorgen und Sicherheit garantieren. Nervösen, aggressiven Tieren wird dieses Vertrauen nicht entgegengebracht und man orientiert sich auch nicht an ihnen. Demnach ist es am wahrscheinlichsten, dass sich ein Hund am ehesten einem souveränen, ruhigen Menschen anvertraut und diesem am meisten zutraut, ihn sicher durch die (Menschen)Welt zu führen.

Übrigens sollte man einen wichtigen Punkt zum Ende dieses Kapitels nicht vergessen: Das soziale Lebewesen Hund kann sich sicher in die soziale Ordnung einer Menschengruppe einordnen, es kann aber selbstverständlich deutlich zwischen Menschen und Hunden unterscheiden. Ein Hund kann sich sogar an die merkwürdige,

und in seinen Augen oft unlogische Körpersprache des Menschen gewöhnen. Aber eine klassische Rangordnung, wie sie laut Definition in einer Gruppe von Tieren gleicher Art vorherrscht, die kann es zwischen den unterschiedlichen Arten Mensch und Hund sicher nicht geben. Der Hund passt sich in einer solchen Beziehung deutlich mehr an als der Mensch und den meisten Hunden ist es dabei ganz recht, souverän, berechenbar und fair geführt zu werden. Schafft ein Mensch dies nicht, ist er unsicher und in den Augen des Hundes nicht in der Lage, Probleme zu lösen, so muss der Hund selbst versuchen, diese Probleme in den Griff zu bekommen – was bleibt ihm auch anderes übrig?! Dies hat aber nichts mit angeblichem Dominanzstreben des Hundes gegenüber seinem Halter zu tun. In der Regel möchte ein Hund am liebsten ein geruhsames und überschaubares Leben an der Seite eines Menschen führen, dem er vertrauen kann...

Futterrangordnung, erhöhte Liegeposition, Menschen müssen immer vorausgehen

Futterrangordnung ist wieder so ein Begriff, um den sich mit schöner Regelmäßigkeit gestritten wird – von Menschen, nicht von Hunden! Dabei gibt es dort eigentlich nicht viel zu streiten, wenn man sich des Themas sachlich annimmt. Um dies zu tun, müssen wir wieder einen Blick zurück zu den Ursprüngen werfen, also zu den Wölfen. Bei Wölfen gibt es, im Gegensatz zum Beispiel zu Löwen oder Pferden, keine grundsätzliche Futterrangordnung. Jedes Rudelmitglied versucht sich seinen Teil zu sichern, das kann auch mit Gerangel geschehen. Hier und da wird auch das ein oder andere Tier in einer Situation dominiert, es springen aber nicht alle zur Seite und lassen die Eltern, die Alphas, zuerst fressen. Es kommt sogar vor, dass diesen etwas vor der Nase weg gestohlen wird, ohne dass es ernsthaften Ärger gibt. Ist genug Nahrung vorhanden, nehmen sich die Eltern einfach etwas Neues. Aber das ist der springende Punkt – es muss genug Nahrung vorhanden sein. Ist die Nahrung knapp, kann sich in einigen Familien durchaus eine Futterrangordnung zu Gunsten der Eltern etablieren. Aber wie gesagt, das

ist kein genetisch festgeschriebenes Grundgesetz, sondern vielmehr situations-, umwelt- und vor allem auch typbedingt. Das gilt übrigens auch für Haushunde, ernsthaft konnte auch dort noch niemand eine grundsätzliche Futterrangordnung nachweisen. Auch hier kommt es vor allem auf die zur Verfügung stehende Nahrungsmenge an und auf die Situation und den Charakter der einzelnen Individuen. Deshalb gibt es auch keinen einzigen vernünftigen, in irgendeiner Form wissenschaftlich belegten Grund, weshalb Hunde ihr Futter nur bekommen sollten, wenn der Mensch zuerst gegessen hat...

Zu großen Problemen kann der Irrglaube führen, ein Hund müsse sein Futter jederzeit an den vermeintlich ranghöheren Menschen abgeben, wenn dieser das wünsche. Nach Lektüre der bisherigen Seiten ist sicher klar geworden, weshalb man von einer Rangordnung zwischen Mensch und Hund nicht sprechen kann. Aber selbst wenn es diese gäbe, wäre es trotzdem falsch anzunehmen, der Rangniedere gebe sein Futter bereitwillig an den Ranghöheren ab – denn dem ist nicht so. Im Rudel hat jeder das Recht, einmal erbeutetes Futter für sich zu behalten. Kein Leittier geht bei einem Rangniederen vorbei, um dessen Futter zu beanspruchen. Somit versteht ein Hund es auch nicht, wenn wir ihm plötzlich das Futter streitig machen, denn es entspricht keiner sozialen Regel, die er kennt!

Was passiert nun, wenn ein Mensch seinem Hund das Futter wegnimmt? Nun, zunächst einmal gar nichts. Der Hund wird sehr erstaunt gucken, weil er damit gar nicht gerechnet hat. Passiert dies aber öfter, geschweige denn regelmäßig, wird der Hund unweigerlich anfangen, entweder große Unsicherheit am Futter zu entwickeln und deshalb alles so schnell wie möglich herunterzuschlingen, bevor es ihm wieder – aus für ihn nicht nachvollziehbaren Gründen – genommen wird, oder er wird anfangen, sein Futter zu verteidigen. Und nun beginnt ein unseliger Kreislauf: Der Mensch „übt" die Wegnahme des Futters, um eine gar nicht vorhandene Rangordnung zu etablieren, und der Hund verteidigt immer stärker, weil er erstens nicht versteht, warum ihm sein Futter genommen wird, und zweitens schlichtweg Hunger hat. Leider kommt es so häufig zu Beißvorfällen, die dann mit der „Dominanz" des Hundes erklärt werden. Also auch hier wieder einer der Klassiker der Missverständnisse zwischen Mensch und Hund...

Kommen wir gleich zum Nächsten: Schon so lange ich denken kann, höre ich die Aussage, dass Hunde nicht erhöht liegen sollten. Angeblich wäre es nämlich auch bei Wölfen so, dass das Individuum, welches den höchsten Liegeplatz besetzt, immer der Chef des Rudels sei. Zwar konnte diese Aussage noch nie durch wissenschaftliche Forschung belegt werden, das Gerücht hält sich aber trotzdem hartnäckig. Ich persönlich neige dazu, wenn Behauptungen über Hunde aufgestellt werden, in erster Linie der Argumentation von Hunden selbst zu folgen, denn ich denke, Hunde kennen sich am besten mit Hundeverhalten aus... ☺

Wie gesagt, es konnte noch nie zweifelsfrei nachgewiesen werden, dass die erhöhte Liegeposition etwas mit dem „Rang" innerhalb einer Hunde- oder Wolfsgruppe zu tun hat. Auch meine eigene Erfahrung konnte das Gerücht bislang in keiner Weise bestätigen. Aber so eindeutig, wie mir vor einiger Zeit zwei Huskys diese Theorie widerlegten, so eindeutig zeigen Hunde selten, was sie von menschlichen Theorien halten. Ich kam in das Zuhause der Huskys, um für eine Tierschutzorganisation eine Vorkontrolle durchzuführen, weil sich ihr Besitzer einen dritten Hund anschaffen wollte. So wurde ich also in das Haus geführt, wo mich einer der beiden Hunde, ein ca. 15 Monate alter Rüde, freundlich am Eingang empfing. Plötzlich kam von hinten der zweite Hund, eine ca. vierjährige Hündin dazu. Sie ging geradeaus auf mich zu und schubste den Rüden entschlossen zur Seite. Als dieser sich nicht schnell genug entfernte, brummte sie einmal kurz, und der junge Hund zeigte durch angelegte Ohren, eine eingeklemmte Rute und einen stark gebogenen Rücken, dass er ja das macht, was seine Partnerin von ihm verlangt. Er machte ihr Platz, so dass sie mich in Ruhe beschnüffeln konnte, um dann wieder umzudrehen und es sich auf ihrem Liegeplatz bequem zu machen.

An dem Verhalten der Hündin und der Reaktion des Rüden konnte man in diesem Fall sehr genau erkennen, wer bei den beiden eher in die Rolle des Chefs bzw. der Chefin geschlüpft war. Sicher werden jetzt wieder einige aufschreien und sagen, dass es zwischen Rüden und Hündinnen keine Rangordnung gibt, was bestimmt auch oft richtig ist, aber sicher ebenfalls diskussionswürdig ist. Hier konnte man aber eindeutig erkennen, dass die Hündin die Dinge durchsetzte, die sie erreichen wollte. Der Rüde nahm diese Durchsetzungsfähigkeit seiner Gefährtin hin und zeigte deutlich, dass er lieber zurücksteckte als Ärger zu bekommen. Um es kurz zu machen – die Hündin konnte gegenüber dem Rüden durchsetzen, was sie wollte – mit Sicherheit auch den Anspruch auf den hohen Liegeplatz. Doch was machte sie? Nachdem sie mich beschnüffelt hatte, ging sie zurück auf ihren Lieblingsplatz. Unter einen Schreibtisch in einem Raum in der hintersten Ecke des Hauses. Vor dem Schreibtisch in dem Raum stand noch ein Bett, das sich direkt vor dem Zimmereingang befand. Und was glauben Sie, wer es sich auf dem Bett gemütlich machte? Richtig – ganz selbstverständlich der Rüde. Eigentlich machten diese Hunde alles falsch, was man laut vieler Experten falsch machen kann, um eine richtige „Rangordnung" zu etablieren. Die „Chefin" verkroch sich in der hintersten Ecke, während der „rangniedrigere" Rüde es sich am Eingang in erhöhter Lage auf dem Bett gemütlich machte. Auf meine Frage an den Besitzer, ob die beiden diese Liegeplätze selbst ausgesucht hätten, antwortete dieser, dass die Hunde von ihm in der Auswahl der Liegeplätze nicht beeinflusst worden waren und in Ruhezeiten immer exakt so liegen würden…

Ein Thema, mit dem sich menschliche „Hundeexperten" in endlosen Diskussionen (sei es über Bücher, in direkten Diskussionen oder in Internetforen) auseinandersetzen, wird hier von den Hunden klar beantwortet. Es hat keinerlei Einfluss auf die Durchsetzungsfähigkeit oder das Selbstbewusstsein dieser Hündin, wenn sie nicht in erhöhter Position liegt, und der Rüde glaubt nicht automatisch, dass er, weil er im Bett liegen darf, der Herrscher über die Familie ist. Aber vielleicht wissen diese Hunde einfach nicht, wie sie sich richtig verhalten müssen. Vielleicht sollte hier ein Hundetrainer der Hündin beibringen, dass sie auf dem Bett zu liegen hat…

Ganz ähnlich verhält es sich auch mit der Aussage, dass Hunde nicht zuerst durch Türen gehen sollten, weil immer der Alpha vorausgeht. Jetzt wissen wir ja, dass die Definition des Alphastatus sehr unterschiedlich sein kann... Aber eines kann man wieder klar feststellen – auch hier gibt es keinerlei Hinweis darauf, dass dies bei Hunden oder auch bei Wölfen irgendeinem Grundsatz des sozialen Verhaltens entspricht. Ich habe bei den Wölfen im amerikanischen Nationalpark Yellowstone selbst mehr als einmal beobachten dürfen, dass die Elterntiere einer Wolfsfamilie hinten oder in der Mitte der Gruppe liefen. Selten waren sie vorne, aber natürlich kam auch das vor. Gerade im tiefen Schnee kann man deutlich erkennen, dass sich bei der „Führungsposition" abgewechselt wird. Das hat natürlich damit zu tun, dass der Erste immer die kräftezehrendste Arbeit bei der Wegbereitung zu leisten hat. Würden da die Eltern, die „Alphas" immer voranlaufen, wären sie nicht wirklich schlau... Das Abwechseln konnte ich natürlich nicht nur im Schnee beobachten, son-

dern auch auf „normalem" Untergrund. Nur verdeutlicht der Schnee den Sinn des „Führungswechsels" recht gut, denn es geht schlicht und ergreifend darum, Kräfte zu sparen – nicht darum, den Führungsanspruch dadurch zu untermauern, immer vorneweg zu laufen.

Auch bei Haushunden konnte ich während meiner beruflichen Arbeit nicht feststellen, dass Hundegruppen immer nur von einem Tier angeführt werden. Hier, wie auch bei den Wölfen in Yellowstone, war aber eines immer sehr auffällig: Selbst wenn die „Alphas" in der Mitte oder am Ende liefen, alle anderen schauten sich oft zu ihnen um oder in ihre Richtung, um sich an ihnen zu orientieren. Meist war es dann so, dass die Familie den Eltern folgte, wenn diese die Richtung wechselten. Die Führungsposition wird also nicht daran festgemacht, dass man ständig voranläuft. Diese Aussage lässt sich durch nichts bestätigen. Übertragen auf die Mensch-Hund-Beziehung bedeutet dies, dass man nicht automatisch das Vertrauen des Hundes hat, wenn man immer voranläuft. Möglicherweise sogar das Gegenteil. Wie soll man jemand das Vertrauen schenken, der immer die anstrengende Hauptarbeit im Schnee macht?! Denn das ist ja nun wirklich nicht besonders clever...

Welpen

Auch rund um den Welpen finden sich Schlagworte und Standardaussagen, die dringend einer Korrektur bedürfen. Zu ihnen gehören zum Beispiel der viel gepriesene Welpenschutz, der unter Hunden angeblich übliche Nackenschüttler oder auch Sätze wie „Da müssen die durch."

Dazu ein Beispiel aus meiner Praxis: Eine Hundehalterin rief mich an, ihr 14 Wochen alter Yorkshire Terrier sei völlig verängstigt und zu nichts zu gebrauchen. Bei einem Besuch fand ich dann tatsächlich einen ängstlichen Hund vor, der sich sogar hinter Schränken verkroch. Die Frau schnauzte den Hund an, er solle hinter dem Schrank hervorkommen und sich mir zeigen. Als er das nicht tat, ging sie zu ihm, zerrte ihn hervor, packte das arme Tier im Nacken und schüttelte es! Ich schlug die Hände über dem Kopf zusammen und sagte der Frau, sie möge dies bitte sofort unterlassen! Ich riet ihr, den Hund komplett in Ruhe zu lassen und mir erst einmal seine bisherige Geschichte zu erzählen.

Und wie ich es vermutet hatte, war dieser Hund der erste dieser Dame. Sie wollte nichts falsch machen und hatte sich deshalb bei einer Hundeschule zur Welpengruppe angemeldet. Der Hund kam im Alter von acht Wochen zu seiner neuen Halterin, gleich eine Woche später ging es in die Welpenschule. Dort wurde er in eine Spielgruppe gesetzt, die mit fünf Hunden verschiedener Rassen im Alter zwischen neun Wochen und einem halben Jahr besetzt war. Darunter ein

Berner Sennenhund, ein Labrador, zwei Dackel, ein Border Collie und eben dieser Yorkie. Der Inhaber der Hundeschule setzte den Winzling einfach zwischen die anderen Hunde. Als dieser von den mehrheitlich wesentlich größeren Tieren teils massiv bedrängt wurde und die Besitzerin einschreiten wollte, sagte der Hundetrainer nur: „Da muss er durch, die regeln das untereinander." Weiter gab dieser Mensch der Frau mit auf den Weg, wenn der Hund daheim „nicht hören" wolle, solle sie ihn als „Bestrafung" im Nacken packen und kräftig schütteln...

Leider werde ich immer wieder mit solchen oder ähnlichen Geschichten und Hundeschicksalen konfrontiert und es macht mich wütend. Die Hundehalterin geht in bester Absicht zu einem „Fachmann" und dort wird ihr – gegen Bezahlung, versteht sich – alles falsch vermittelt, was man nur falsch vermitteln kann! Ich mag mir gar nicht ausmalen, durch welche emotionale Hölle der kleine Hund gegangen ist, sonst steigert sich meine Wut ins Bodenlose.

Gehen wir auf die einzelnen Fehler einmal genauer ein, wozu wir einen kurzen Ausflug in das Sozialverhalten und die Lebensgewohnheiten von Hunden unternehmen. Gern führen Menschen an dieser Stelle wieder den Wolf als Beispiel an, was in diesem Fall auch in gewisser Weise richtig ist, obwohl sich durch die Domestikation vom Wolf zum Hund einiges verändert hat. Beim Welpen allerdings noch nicht so viel – der einzige echte Unterschied zwischen Wolfs- und Hundewelpen ist der, dass junge Hunde wesentlich weniger ängstlich und scheu dem Menschen gegenüber sind.

Die soziale Grundkomponente aber ist bei Wölfen, Hunden und auch verwilderten Hunden und Streunern sehr ähnlich, was unter anderem bedeutet, dass Welpen sehr lange und relativ isoliert umsorgt werden, wenn ihre Eltern sie aufziehen. So

nehmen zum Beispiel wild lebende Hunde und Wölfe ihren Nachwuchs erst nach fünf bis sechs Monaten auf weitere Streifzüge durch das Revier mit. Vorher kennen die Jungtiere eigentlich nur ihren Geburtsort und ein bis zwei weitere Plätze. Sie wachsen behütet auf und werden erst mit ca. einem halben Jahr langsam in die große weite Welt eingeführt. Sie sind den ganzen Tag mit ihren Geschwistern zusammen, die alle eine ähnliche Optik und Größe haben. Natürlich entwickeln sich unter den Kleinen auch mal Rangeleien, die aber meist mit dem Aufschrei des anderen enden. Die Jungen müssen in einem vernünftigen Rahmen ihre Grenzen erfahren, wird es aber doch einmal zu heftig, schreiten die Eltern durchaus ein, aber auch das geschieht niemals überzogen brutal. Meist werden die Kleinen einfach nur mit der Nase weggeschubst oder es wird der kleine Kopf andeutungsweise zwischen die großen Zähne genommen – der so genannte Schnauzengriff. Das eigene kleine Köpfchen zwischen Mutters riesigen Zähnen reicht zur Einschüchterung und Ermahnung völlig aus. Dabei wird dem Welpen aber kein Schmerz zugefügt, denn die Mutter möchte als Erziehungsergebnis sicher nicht haben, dass ihr eigenes Kind Angst vor ihr bekommt und vor ihr flüchtet. Auf keinen Fall und niemals(!) wird ein Hund, ob Wild- oder Haushund, seinen Welpen im Nacken schütteln, um ihn zurechtzuweisen oder zu „strafen". Denn der Nackenschüttler wird bei Kaniden nur mit einer Intention gezeigt: der Tötungsabsicht! Deshalb ist dieses Verhalten niemals bei erwachsenen Tieren gegenüber Welpen eines Rudels zu beobachten.

Wenn man sich die letzten Zeilen durchgelesen hat, wird man von selbst darauf kommen, was der kleine Yorkie, über den ich zu Anfang des Kapitels geschrieben habe, durchgemacht haben muss! Er durfte nicht lange bei seiner Familie sein und wurde von ihm fremden Menschen dort weggeholt. Eine schwierige Erfahrung für diesen jungen Hund, die er aber durchaus verkraften kann, wenn seine neuen Bezugspersonen liebevoll mit ihm umgehen und er ihnen vertrauen kann. Leider durfte dieser Welpe diese Erfahrung aber so nicht machen, im Gegenteil. Kaum hatte er sich bei seiner noch sehr unerfahrenen Halterin eingelebt, wird das arme Tier mehreren fremden Hunden gegenüber gestellt, die alle deutlich größer, kräftiger und schwerer sind und ihn mobben. Hilfe erfährt er aber durch die Person, der er eigentlich vertrauen soll, nicht, da der Halterin gesagt wird, „die Hunde würden das schon unter sich ausmachen".

Jeder halbwegs normale Mensch kann sich doch wohl vorstellen, wie sich ein kleiner Hund, gerade neun Wochen alt und so groß wie eine Ratte, fühlen muss, wenn er von einem fremden, sechs Monate alten Labrador überrannt wird. Das Tierchen hat Todesangst! „Da muss er durch!" ist der wohl unsinnigste, armseligste und fachlich inkompetenteste Kommentar, den man in so einer Situation abgeben kann.

Grundsätzlich kann man sagen, dass heutzutage den jungen Welpen einfach viel zu viel zugemutet wird. Kaum der Mutter entwöhnt, wird der junge Hund schon durch die Gegend gezerrt, in Aufzüge gesetzt, in Fußgängerzonen von Menschen bedrängt – immer nach dem Motto, der Kleine müsse sich an alles gewöhnen, weil wir sonst später Sozialisierungsprobleme mit ihm bekommen würden. Aber diese Übertreibungen bereiten die Probleme oft erst.

Ich habe immer wieder die Erfahrung gemacht, dass ein junger Hund, der in einem liebevollen Zuhause aufwächst und ein vertrauensvolles Verhältnis zu seinen Menschen aufbauen konnte, diesen beinahe überall hin folgt und auch unbekannte Ereignisse locker trägt. Wichtig ist hierbei auch, dass der junge Hund in seinen entsprechenden Lebensphasen die Möglichkeit bekommt, Erkundungsverhalten zu zeigen, ohne überbehütet zu werden, und somit ein gewisses Selbstbewusstsein zu entwickeln. Aber dafür braucht man ihn keine Rolltreppe hinaufzuquälen – im Gegenteil – insbesondere in frühen Lebensphasen erfahrene Ängste können sich tief einprägen und somit genau das Gegenteil von dem bewirken, was wir uns eigentlich wünschen, nämlich einen zutiefst verunsicherten, durch Reizüberflutung mangelnd stressresistenten Hund.

Aber, damit man mich nicht falsch versteht: Ich bin kein grundsätzlicher Gegner von Welpenspielgruppen. Aber wenn man diese anbietet und leitet, muss man auch wissen, was man macht und was nicht und warum. Sonst erreicht man, wie schon gesagt, das Gegenteil vom eigentlich Gewünschten und macht dem jungen Hund das Leben zur Hölle. Welpengruppen können in vielen Punkten sicher hilfreich sein, besonders in Bezug auf „hündischen Rassismus", denn wächst ein Hund nur unter seines Gleichen auf, kann er später Probleme in der Begegnung mit Hunden anderer Rassen entwickeln, insbesondere wenn diese starke optische Abweichungen zeigen. Der Yorkie aus dem beschriebenen Fallbeispiel dürfte allerdings den Rest seines Lebens vermutlich nicht gut auf die Rasse Labrador zu sprechen sein...

Wenn man also eine Welpenschule einrichtet, sollte man auf die so genannte „biologische Gleichaltrigkeit" achten, was bedeutet, dass die teilnehmenden Hunde körperlich und psychisch etwa dem gleichen Entwicklungsstand entsprechen. Man könnte also zum Beispiel Dackel, Yorkies und Malteser zusammensetzen. Ebenso wie Labradore, Schäferhunde und Boxer oder Berner Sennenhunde, Neufundländer und Leonberger. Diese Gruppen müssen dann aber wiederum in Altersklassen sortiert sein, denn ein acht Wochen alter Neufundländer und ein 16 Wochen alter Leonberger differieren erheblich in ihrem Entwicklungsstand. Hinzu kommt, dass an jeder Gruppe mindestens vier Welpen teilnehmen sollten. Rechnet man dies alles zusammen, braucht man also mindestens zwölf Klassen mit jeweils vier Welpen, die relativ genau in das Schema passen – dann kann man vernünftige Welpengruppen anbieten, aus denen die jungen Hunde Nutzen ziehen statt Schaden zu nehmen.

Doch neben der vernünftigen Aufteilung der Gruppen ist noch ein weiterer Punkt sehr wichtig: Es ist in der Natur keineswegs so, dass die Welpen sich selbst überlassen werden und alles unter sich regeln. Im Gegenteil, wenn ein Gerangel zu heftig wird, greifen Eltern oder ältere Geschwister, die als „Babysitter" fungieren, gezielt ein und unterbrechen Grobheiten. Ähnlich sollte der Hundetrainer bei der Betreuung von Welpengruppen vorgehen – Grobheiten strikt unterbrechen und so erst gar kein „Mobbing" aufkommen lassen. Es ist auch möglich, diese Aufgabe von einem sehr gut sozialisierten, erfahrenen, älteren Hund ausführen zu lassen, der Welpen gerne mag. Keinesfalls sollte ein erwachsener Hund einfach für diese Aufgabe abgestellt werden, denn dies birgt eine nicht zu unterschätzende Gefahr, da ein instinktiver Welpenschutz bei fremden Welpen im Hundereich nicht existiert! Beschützt werden normalerweise nur die Welpen der eigenen Familie – fremde Welpen werden in der „freien Wildbahn" in der Regel sich selbst überlassen, was ihren sicheren Tod bedeutet, oder sogar angegriffen, wenn sie sich zum Beispiel als Gefahr für den eigenen Nachwuchs herausstellen.

Hat aber der Trainer einen Althund, der Welpen gern mag, sozial sicher im Umgang mit Artgenossen ist und die Rolle des Aufpassers gern übernimmt, ist dies sehr hilfreich bei der Sozialisierung. Ein solcher Hund ist „Gold wert", da er die notwendigen Erziehungsmaßnahmen besser, sicherer und schneller übernehmen wird, als ein Mensch es jemals könnte. Aber solche Hunde sind leider selten geworden…

Das regeln die schon unter sich

Es ist immer wieder interessant, welche Weisheiten und Gerüchte unter Hundehaltern seit ewigen Zeiten die Runde machen. Sehr hartnäckig behaupten viele zum Beispiel, bei Begegnungen mit Hunden, die sich nicht kennen, würden die Hunde schon untereinander regeln und klar stellen, wer von den beiden der „Boss" sei. Mir fällt dabei auf, dass Leute, die so etwas behaupten, meist Halter von großen, kräftigen Hunden sind. Der Halter eines Chihuahua hält sich mit diesen Worten in der Regel etwas bedeckter. Dafür nimmt dieser seinen Hund gerne mal bei einer Hundebegegnung auf den Arm, was übrigens auch nicht immer eine gute Lösung ist.

Nun gut, zurück zu den Haltern von den kräftigen Hunden, die „alles unter sich regeln". Diese Halter haben vollkommen recht! Letztendlich lösen Hunde alle Probleme unter sich. Wenn sie aber keine „diplomatische" Lösung finden, kann es auch schon einmal zu einer Problemlösung kommen, die endgültig ist. Dann ist der übrig Gebliebene automatisch der Boss, weil der andere seinen Verletzungen erliegt!

Aber bitte, liebe Hundehalter, keine Panik, es ist nur eine Möglichkeit wie eine Hundebegegnung im schlimmsten Fall ablaufen könnte, in den meisten Fällen begegnen sich Hunde durchaus freundlich, aber man kann eben nicht pauschal die Behauptung aufstellen, dass Hunde sich am besten verstehen, wenn sie alles unter sich regeln und sich der Halter niemals einmischt.

Hunde, die ihre Wurzeln in wild lebenden Raubtieren haben, sind eigentlich darauf bedacht, ohne großen Streit und unnötige Kämpfe durch`s Leben zu gehen. Ein Kampf kann zu Verletzungen führen und diese können ein Tier so stark behindern, dass die lebensnotwendige Jagd, die Futterbeschaffung unmöglich würde und somit die Existenz bedroht wäre. Dies möglichst zu vermeiden macht Sinn. Allerdings ist auch das Revier sehr wichtig, denn wenn zu viele Artgenossen im gleichen Revier leben, gibt es möglicherweise nicht genug Nahrung und Platz für alle, was wiederum die eigene Existenz bedroht. Daher ist das Revier etwas sehr Wichtiges, das es zu verteidigen lohnt. Meist geschieht dies aber über Körpersprache und optische Demonstration von Stärke. Treffen in freier Wildbahn zum Beispiel mehrere Wildhunde oder Wölfe auf einen fremden Artgenossen, wird der Fremde freiwillig den Rückzug antreten und den anderen über Körpersprache mitteilen, dass er keine Ansprüche auf das Revier erhebt. Ein vernünftiges, logisches Verhalten, dadurch erhält er die Gelegenheit, als Fremder das Revier zu verlassen, statt gleich angegriffen oder eventuell sogar getötet zu werden. Aber wenn der Einzelne sich jetzt falsch verhalten hätte und vor der stärkeren Gruppe den „dicken Max" gegeben hätte, dann hätte die Gruppe ihn als unwillkommenen, zusätzlichen Fresser im Revier auch komplett ausschalten können...

Aber der Hund ist seit vielen Jahrtausenden vom Menschen zum Haustier geformt worden und sieht diese Revier- und Nahrungsansprüche Gott sei Dank nicht mehr ganz so eng wie zum Beispiel ein Wolf, denn er braucht diese Ressourcen nicht zum Überleben. Zudem sind viele Hunde durch Zuchtauswahl und Anpassung an den menschlichen Lebensraum in ihrer natürlichen Kommunikation eingeschränkt und bestimmte Eigenschaften sind weniger stark ausgeprägt. Aber trotzdem sollte man nie vergessen, dass die Logik des Reviersystems immer noch im Hund steckt und Teil seines Erbes als Raubtier ist. Deshalb ist die Begegnung mit einem fremden Hund immer die Begegnung mit einem, der in das eigene Revier eindringt – oder man dringt in dessen Revier ein. Wie sich eine Begegnung letztendlich entwickelt, kommt darauf an, wie sich die einzelnen Hunde verhalten, was wiederum von vielen Faktoren wie zum Beispiel der Erziehung, Sozialisierung oder auch Rassedisposition abhängt. Eine Möglichkeit wäre, dass einer der beiden in unmissverständlicher Hundesprache zum Ausdruck bringt, dass dies sein Gebiet ist, und der andere sich trollt, weil er einen Konflikt vermeiden will. Eine andere Möglichkeit besteht darin, dass beide Hunde nicht besonders interessiert an der Durchsetzung irgendwelcher Ansprüche sind und deshalb einfach aneinander vorbei gehen. Es könnte auch sein, dass beide Hunde über Imponiergehabe ihren Standpunkt vertreten und sich schließlich aus dem Weg gehen, um einen Kampf zu vermeiden, denn die meisten Hunde können Kräfteverhältnisse sehr gut einschätzen und wollen eigene Verletzungen vermeiden.

Letztlich kann es aber auch zu einer körperlichen Auseinandersetzung kommen, die sich von einer relativ harmlosen Rauferei zu einem ernst gemeinten Kampf mit Beschädigungsabsicht steigern kann. Was in solch einer Situation gar nicht hilft, ist eine Floskel wie „Das machen die schon unter sich aus…", während sich die Hunde ernsthaft verletzen, im schlimmsten Fall einer sogar zu Tode kommt. Dies geschieht übrigens nicht nur bei Hunden, die sich draußen als Fremde begegnen. Auch Hunde, die zum Beispiel in einem Haushalt zusammen leben, sollten sich in einem Konflikt nicht selbst überlassen werden.

Zu einem dramatischen Fall dieser Art wurde vor ein paar Jahren eine Kollegin von mir gerufen. In einem Haushalt lebten eine Husky- und eine sehr kleine Terriermischlingshündin, die in der Größe etwa einem Yorkshire Terrier entsprach. Die deutlich kleinere Hündin drangsalierte die Huskyhündin seit Anbeginn ihres Zusammenlebens, indem sie dieser zum Beispiel den Weg abschnitt, das Futter streitig machte oder sie anknurrte, wenn sie an dem Sofa vorbei lief, auf dem sie gerade lag. Schon häufig war es dadurch zu Situationen gekommen, in denen die körperlich deutlich überlegene Huskyhündin die kleine Terriermischlingshündin heftig androhte, weshalb die besorgten Besitzer meine Kollegin um Rat fragten, was zu tun sei, um das Zusammenleben der Hunde harmonischer zu gestalten. Da meine Kollegin nach eingehender Beobachtung der Hunde und Befragung der Halter wenig Chancen sah, die Hündinnen friedlich in einem Haushalt zu halten, riet sie zur Abgabe der zuletzt aufgenommenen Hündin. Die Halter dachten über diese Option ernsthaft nach, besprachen sie aber, um eine weitere Expertenmeinung zu hören, mit ihrem Tierarzt – und der sagte, meine Kollegin würde vollkommen übertreiben, die Hunde machten das schon unter sich aus, da solle man sich einfach nicht einmischen. So war es dann wenige Wochen später auch, die Hunde machten es unter sich aus und zwar ein für alle Mal. Die Huskyhündin tötete in einem Kampf die Mischlingshündin innerhalb weniger Minuten.

Auch an dieser Stelle sei nochmals betont: Auch wenn dies vorkommen kann, es ist erfreulicher Weise relativ selten so, dass eine Auseinandersetzung tödlich für einen der Gegner endet. Aber auch ein sich ständiges Angiften und Drangsalieren sollte durch geeignete Maßnahmen unterbunden werden. Diese erfordern vom Halter natürlich die Übernahme der Verantwortung und die Notwendigkeit, sich ernsthaft mit dem Verhalten von Hunden auseinander zu setzen, weil sonst ein adäquates Eingreifen gar nicht möglich ist. Und da stellt sich mir manchmal die Frage, ob diejenigen, die ihre Tiere „alles unter sich ausmachen lassen wollen" eventuell einfach nur zu bequem und/ oder zu unfähig sind, diesen Schritt zu tun?!

Trennungsangst = Dominanz?!

Ich neige dazu, mir mein Wissen von denen zu holen, „die sich damit auskennen". Trotz all der Literatur und all der Lehr- und Vermittlungsmethoden, die heute rund um das Thema Hund angeboten werden, und trotz all der Möglichkeiten, sich in dem Bereich weiter zu bilden, bin ich der festen Überzeugung, dass Hunde nach wie vor die besten Lehrmeister sind. Ihr Verhalten zu beobachten und zu analysieren lässt mich viele Aussagen von Menschen mit gemischten Gefühlen betrachten. So auch die Aussage einer Kundin, die in einer Hundeschule „gelernt" hatte, dass ihr Hund sie nur dominieren wolle, wenn er jault, während er allein gelassen wird. Trennungsangst habe der keine und bei den von sich gegebenen Pfützen handele es sich um ein Protestpinkeln, das dazu dienen soll, sie dazu zu bringen, ihn fortan lieber mitzunehmen.

Hierzu zwei Beobachtungen, die ich im Laufe der Jahre machen konnte. Zunächst vom Vorfahren der Hunde, dem Wolf. Ich beobachtete im amerikanischen Yellowstone Nationalpark eine Wolfsfamilie von einem wunderschönen Aussichtspunkt aus, von dem aus ich über das ganze Tal sehen konnte. Es war tiefer Winter und die weiße Schneelandschaft mit den grauen und schwarzen Tieren begünstigte die Beobachtungen des Verhaltens dieser Wolfsfamilie, die aus einem Elternpaar mit einigen Sprösslingen aus dem letzten Frühjahr bestand. Einem dieser Jungwölfe wurde der lange, ereignislose Aufenthalt an diesem Ort offenbar zu langweilig, und so entschloss er sich, mal ein wenig die nähere Umgebung zu erkunden. Er verschwand unbemerkt von der schlafenden Familie hinter einem Fels in westliche Richtung. Kurze Zeit später erwachte eines der Elterntiere, reckte und streckte sich, gähnte kräftig und machte sich auf, in östliche Richtung davon zu traben. Wie von Geisterhand geweckt sprangen nun alle anderen Wölfe ebenfalls auf und folgten dem Alttier. Nach einer Weile kam der gelangweilte Abenteurer zum Lagerplatz zurück, von dem sich alle anderen in eine andere Richtung verabschiedet hatten, und machte einen wirklich verwunderten Eindruck, als er niemanden von seiner Familie vorfand. Hätte er die Ruhe bewahrt, dann hätte er mit Sicherheit der Fährte des Rudels folgen können, aber er war noch so jung und unerfahren, dass er nur eine Möglichkeit sah, etwas gegen seine Verlustängste zu unternehmen: Er heulte los. Für mich ist es etwas Wunderschönes, etwas kaum in Worte zu Fassendes, einen in Freiheit lebenden Wolf heulen zu hören. Doch es kam noch besser – aus Osten stimmte das Rudel ein und ein Chorheulen legte sich über das Winterland. Momente, die mit Geld nicht zu bezahlen sind... Doch bevor ich weiter ins Schwärmen gerate, sei erzählt, dass der junge Wolf und seine Familie sich durch das Heulen wiederfinden konnten. Das Heulen war also ganz klar eine Reaktion auf die Trennungsangst des Jungtieres, natürlich in Kombination mit lautstarker Kommunikation über eine größere Entfernung.

Aber das sind ja Wölfe und keine Hunde, werden jetzt einige sagen. Stimmt natürlich, aber eine weitere Beobachtung wird verdeutlichen, dass sich Wölfe und Hunde in diesem Punkt nicht sehr unterscheiden. Meine Hündin Koka stammt aus dem Tierschutz, ich musste sie vom Flughafen abholen, als sie aus Spanien kommend in Deutschland eintraf. Koka hatte die letzten zwei Jahre mit ihrem jüngeren Bruder zusammen auf einer Finca gelebt. Leider konnten die Hunde nicht gemeinsam vermittelt werden, auch meine Aufnahmekapazität war mit ihr allein erschöpft. Koka kam nun also in einer Transportbox am Flughafen Düsseldorf an, ihr Bruder in einer weiteren Box.

Noch konnten die Hunde sich sehen, aber natürlich entsprach es dem Lauf der Dinge, dass ich Koka mitnahm und ihr Bruder seinen Weg in sein neues Zuhause antrat. Als Koka dann in meinem Auto war, begann sie zu heulen. Sie heulte eine Stunde (!) lang exakt so wie der junge Wolf in Yellowstone. Sie heulte herzzerreissend und ihr einziges Anliegen dabei war, Kontakt zu ihrem Bruder aufzunehmen. Sie fühlte sich allein ohne ihren Gefährten, ja überhaupt ohne ein bekanntes Lebewesen. Es wäre geradezu absurd anzunehmen, dass sie mich in dieser Situation dominieren wollte. Heute ist Koka eine sehr selbstbewusste Samojedendame, die in meinem zweiten Hund Puzzel einen wundervollen Partner gefunden hat, aber am Anfang hat sie ihrem Trennungsschmerz durch das Heulen sehr deutlich Ausdruck verliehen.

Hunde sind soziale Lebewesen, die von ihrer ganzen Anlage her dazu bestimmt sind, in einer Gemeinschaft zu leben. Sie gewöhnen sich an ihre Gefährten, mögen und lieben sie vielleicht. Aber auf jeden Fall fühlt sich ein Hund in der Gemeinschaft sicherer als allein. Allerdings sind Hunde auch sehr schlaue und anpassungsfähige Lebewesen und so gibt es sicher einige Vertreter unserer besten Freunde, die lernen, dass der Mensch sich um sie kümmert oder sie zumindest nicht allein lässt, je mehr Theater sie machen. Man spricht in diesem Fall vom so genannten aufmerksamkeitsheischenden Verhalten, das sich allerdings nur entwickeln kann – und dies ist enorm wichtig! – wenn der Mensch ihm nachgibt. Das kann also bedeuten, dass ein Hund, der jault und deswegen nicht alleingelassen wird, dieses Mittel in Zukunft bewusst einsetzt, denn er hat über Verknüpfung gelernt: Wenn ich dies und jenes tue, lässt mein Mensch mich nicht allein. Dies bedeutet aber doch nicht, dass die Absicht des Hundes von Anbeginn war, seinen Menschen dominieren zu wollen! Die Absicht des Hundes bestand vielmehr darin, seiner Trennungsangst Ausdruck zu verleihen, eine Angst, die er tatsächlich empfindet und die übrigens biologisch sinnvoll, wenn auch für uns Menschen lästig ist, denn in der freien Natur ist es für die rudelbildenden Kaniden äußerst wichtig, eventuell überlebenswichtig, den Anschluss an die Gemeinschaft nicht zu verlieren.

Nun werden einige Kritiker fragen, warum der junge Wolf aus dem Nationalpark dann allein losgezogen ist. Die Antwort ist ganz einfach: Im Gegensatz zu unseren Haushunden ist er nicht eingesperrt und kann sich jederzeit entscheiden, zu seiner Familie zurückzukehren. Diese Situation ist bei weitem nicht so beängstigend wie die, der unsere Haushunde ausgesetzt wer-

den, wenn sie ohne entsprechendes Training einfach allein zurück gelassen werden und ihre Instinkte diesen Zustand mit Angst beantworten. Und bei dem in dieser Situation abgesetzten Urin handelt es sich auch nicht um ein „Protestpinkeln". Mal ehrlich, wie wahrscheinlich ist denn, bei gesundem Menschenverstand betrachtet, die Annahme, dass ein Hund mit dem Gedanken in die Wohnung pinkelt: „Jetzt ärgere ich mal meinen Besitzer und der muss schön putzen, wenn er nach Hause kommt. Da sieht er dann, was er davon hat..."?! In Stresssituationen – und in der befindet sich der allein gelassene Hund voller Angst – produziert der Körper vermehrt das Hormon Aldosteron, das für den Wasserhaushalt im Körper zuständig ist. Deshalb muss der Hund – und übrigens auch wir Menschen – vermehrt urinieren, wenn er sich sehr aufregt. Dies ist der häufigste Grund, weshalb ein Hund in die Wohnung uriniert, wenn er allein gelassen wird. Ein anderer wäre, dass er zu lange allein gelassen wird oder vorher nicht ausreichend lange Gassi geführt wurde, was zur Folge hat, dass seine Blase einfach voll ist und er den Urin nicht mehr zurückhalten kann... was nicht gerade für ein ausgeprägtes Verantwortungsbewusstsein des Halters gegenüber seinem Tier spricht.

Zusammengefasst kann man also sagen, dass Hunde durchaus lernen können, allein gelassen darauf zu vertrauen, dass ihr Mensch zu ihnen zurückkehrt. Aber, wie gesagt, sie müssen es erst lernen, und ihnen dabei durch entsprechendes Training zu helfen, liegt in unserer Verantwortung. Trennungsängste als nicht existent zu bezeichnen, oder geschweige denn eine vermeintliche Dominanzstrategie hinter den verzweifelten Versuchen des Hundes zur Kontaktaufnahme zu sehen, spricht nicht dafür, vom Wesen des Hundes wirklich etwas verstanden zu haben.

Bestrafung: Kommandos müssen immer über Starkzwang abgesichert werden

Zu diesem Kapitel fallen mir wieder einige interessante Beobachtungen ein, die ich aber diesmal nicht am Hund oder einem seiner nahen Verwandten, sondern am Menschen gemacht habe. Interessant ist nämlich in diesem Zusammenhang die Entwicklung der Hundeerziehung in den letzten Jahrzehnten. Wurde bis in die 1980er Jahre mehrheitlich ein System der „Abschreckung" bevorzugt, war in den 1990er Jahren und zu Beginn dieses Jahrtausends ein grundlegender Sinneswandel zu beobachten. Früher wurde – in Anlehnung an das Lernverhalten des Hundes über gedankliche Verknüpfung – jedes Fehlverhalten, oder das, was der Mensch dafür hielt, sofort und nachdrücklich bestraft. So „lernte" der Hund, was er nicht durfte. Dann kam die Zeit der positiven Verstärkung. Natürlich war diese schon immer bekannt und wurde zum Beispiel in der Tierdressur eingesetzt, aber nachdem diese Erziehungsmethode in Mode kam, wurde – wie das bei Menschen häufig so ist – die Sache etwas übertrieben und sehr einseitig argumentiert. Positive Verstärkung wurde schlicht als das Gegenteil von Strafe beschrieben. Nicht wenn der Hund etwas falsch macht, wird er als Konsequenz direkt bestraft, nein, immer wenn er etwas richtig macht, ist die Konsequenz etwas Positives. Er wird gelobt und/ oder mit Nahrung positiv verstärkt. Jede Form der Zurechtweisung war verpönt, da man glaubte, jedes Pro-

blem dadurch lösen zu können, dass unerwünschte Verhalten-
weisen ignoriert und erwünschte positiv bestätigt wurden.

Natürlich gab es zu jeder Zeit Menschen, die mit Hunden gear-
beitet haben, die sowohl positive als auch negative Verstärkung
eingesetzt haben, aber manches wird in der jüngeren Vergan-
genheit einfach stärker thematisiert und
so war die positive Verstärkung eines der
Schlagworte schlechthin. Zu Recht! Eine
Hundeerziehung, die mit positiver Verstärkung arbeitet, zeigt bei sachgemäßer
Anwendung sicherlich bessere Erfolge als
eine Erziehung, die den Weg über Druck
und Starkzwang geht. Zusätzlich hat sie
den Vorteil, dass man seinem Freund
keine Schmerzen zufügt...

Außerdem ist es in dem Zusammenhang
wichtig zu wissen, dass positiv und nega-
tiv Erlerntes im Gehirn unterschiedlich verarbeitet wird. Im so
genannten Hippocampus, einem Bereich des Säugetiergehirns,
wird Positives verarbeitet. Dieser Hippocampus ist das eigentliche Lernzentrum unseres Gehirns, hier wird Gelerntes mit
bekannten Inhalten verknüpft und ermöglicht so die Anwendung der Verknüpfungen in bestimmten Situationen. Negatives
hingegen wird im so genannten Mandelkern verarbeitet. Der
Hippocampus bewirkt das langfristige Speichern von Informationen in der Gehirnrinde. Die Funktion des Mandelkerns ist es
hingegen, bei Abruf von assoziativ in ihm gespeichertem Mate-
rial Körper und Geist auf Kampf und Flucht vorzubereiten. Wird
der Mandelkern aktiv, steigen Puls und Blutdruck und die Mus-
keln spannen sich an: Der Hund hat Angst und ist auf Kampf
oder Flucht vorbereitet, eine in Anbetracht von Gefahr sinn-
volle Reaktion – gekoppelt natürlich mit Aggression und Aggres-

sionsbereitschaft – aber in unserem ganz normalen Alltag mit unserem Haushund eher contra-produktiv, wenn man einen ausgeglichenen und nervenstarken Begleiter auf vier Pfoten haben möchte.

Zusammengefasst kann man sagen, dass positive Verstärkung sehr tief eingeprägt wird und negative Verstärkung sehr nah an Aggressionen geknüpft ist. Dadurch wird auch der Satz, dass Erlerntes unter Starkzwang, sprich negativer Verstärkung, „abgesichert werden muss", mit Verlaub gesagt als völliger Unfug entlarvt. Schauen Sie mal in ihre eigenen Erinnerungen. Sind da nicht die positiven Erinnerungen sehr viel präsenter und leichter abrufbar und rufen sie nicht viel angenehmere Gefühle hervor?

Die Tatsache, dass positive Verstärkung im Gehirn anders, nämlich tief sitzender, verarbeitet wird, hat sich heute weitgehend herumgesprochen und diesem Wissen entsprechende Methoden setzen sich mehr und mehr durch. Was aber übrigens nicht heißen soll, dass man Hunden immer nur mit „Samthandschuhen" begegnen darf. Sicher kann und sollte man auch mal Verhaltenskorrekturen zum Beispiel mit einem nachdrücklicheren Tonfall in der Stimme durchsetzen. Beobachten sie einmal Hunde untereinander. Da wird auch mal die Bewegungsfreiheit eines anderen eingeschränkt oder nachdrücklich per Lautäußerung mitgeteilt, dass eine Handlung so nicht in Ordnung war. Aber meist wird dabei nur gedroht, um Stärke zu zeigen. Bewegungsbegrenzungen und Zurechtweisungen können auch mal heftig aussehen und lautstark artikuliert werden – aber echte Schmerzen fügen sich Hunde, die sich kennen, eigentlich nur in absoluten Ausnahmesituationen zu. Deshalb gilt für mich, dass ich meinem Hund durchaus auch mal eine „klare Ansage" machen kann – aber meinem Freund Schmerzen zuzufügen ist absolut tabu!

Hunde sollten immer die Gelegenheit zum Kontakt mit Artgenossen bekommen

Hunde sind hoch soziale Lebewesen, die sich im Schutz einer Gruppe wohl fühlen, aber sie müssen nicht ständig „unter Hunde", wie Menschen „unter Leute", um sich wohl zu fühlen. Ein Widerspruch? Nicht wirklich, wenn man sich einige wichtige Grundlagen des Hundeverhaltens vor Augen führt. Für Hunde ist ihre eigene Familie, ihr Rudel etwas sehr Wichtiges, diese Gruppe der immer gleichen Individuen ist ein existenzieller Teil ihres Lebens. Mit diesen ganz bestimmten Menschen und Hunden (manchmal auch anderen Lebewesen wie zum Beispiel Katzen) leben sie ständig zusammen, die sozialen Beziehungen untereinander sind – zumindest weitgehend – geklärt und jeder weiß genau, woran er ist.

In der Begegnung mit immer wieder fremden Artgenossen sieht das natürlich anders aus. Hier muss sich der Hund erst einmal orientieren, wie das Gegenüber einzuschätzen, was von ihm zu erwarten ist. Zusätzlich kann es zu Konkurrenzsituationen um das Revier, Beute oder Gefährten kommen, die abgesteckt werden müssen. Ein Prozess, der durchaus viel Energie kostet, insbesondere, wenn er täglich und zigfach durchlebt werden muss. Ähnlich wie es für uns anregend, aber eben auch sehr anstrengend sein kann, immer wieder mit neuen, fremden Menschen zusammen zu treffen.

Natürlich verteidigen Hunde das eigene Territorium und andere Ressourcen nicht mehr so vehement gegen fremde Artgenossen wie etwa Wölfe, sonst wäre ein entspanntes Zusammenleben in der engen Menschenwelt mit der großen Anzahl an Haushunden ja gar nicht möglich. Der Haushund hat sich da den Gegebenheiten angepasst, aber dennoch ist jede Begegnung mit einem fremden Hund zunächst ein Abschätzen der Kräfteverhältnisse unter Berücksichtigung der möglichen Notwendigkeit, sich mit dem potenziellen Konkurrenten auseinander zu setzen – und das kann schnell stressig werden. Deshalb ist ein Treffen von den weitgehend immer gleichen, sich untereinander kennenden und verstehenden Hunden dem Zusammenführen von irgendwelchen fremden Hunden in jedem Fall vorzuziehen.

Mit anderen Worten: Natürlich sollen Hunde Kontakt zu Artgenossen haben dürfen und selbstverständlich beinhaltet das, dass Ihr Hund auch immer mal wieder einen neuen Hund kennen lernt. Mit diesen Begegnungen wird die soziale Kompetenz gefördert und durch regelmäßige Begegnungen ist es den Hunden möglich, sich in Beziehung zueinander zu setzen. Es ist aber nicht wichtig, ganz im Gegenteil sogar eher contra-produktiv, den Hund ständig mit möglichst vielen, immer wieder neuen Artgenossen zusammen zu führen.

Last not least muss auch noch die individuelle Veranlagung eines Tieres berücksichtigt werden. Wie beim Menschen auch gibt es Hunde, die sehr gesellig sind und sich über den Austausch mit Artgenossen sehr freuen, und solche, die sich in einem kleinen, überschaubaren Kreis einiger weniger viel wohler fühlen.

Hunde müssen immer eine Aufgabe haben

Auch hier muss schon zu Beginn der Überlegungen etwas klar gestellt werden: Die verschiedenen Hunderassen stammen zwar alle vom Wildtier Wolf ab, sind aber durch die Zucht des Menschen an verschiedene Lebensbereiche und Aufgaben angepasst und somit teilweise stark verändert worden. So gibt es zum Beispiel absolute „Spezialisten", denen bestimmte Eigenschaften derart überspitzt angezüchtet wurden, dass es sich mit meinen persönlichen Moralvorstellungen nicht mehr deckt. Das spielt in viele Bereiche der Hundezucht und -haltung hinein, hier soll es aber schwerpunktmäßig um die Beschäftigung gehen.

Einige Rassen, wie zum Beispiel der Border Collie oder bestimmte Terrierarten, verfügen durch die oben erwähnte entsprechende Zuchtauswahl über einen übermäßigen Drang zur Bewegung und Beschäftigung. Hunde solcher Rassen gehören meiner Meinung nach in die Hände solcher Halter, die diese Rassen genau kennen und deren Bedürfnissen durch entsprechende Haltungsbedingungen gerecht werden können. Aber abgesehen von diesen Spezialisten ist die große Mehrheit der Hunde von Natur aus eher ruhig als „hyperaktiv".

Wölfe verbringen einen sehr großen Teil des Tages mit herumliegen und vor sich „hindösen" bzw. schlafen. Ab und zu werden soziale Aktivitäten gezeigt und schließlich irgendwann das Revier durchstreift, je nachdem, wann die Tiere hungrig werden. Auf den Streifzügen wird gejagt und gleichzeitig durch Setzen der Markierungen Präsenz gezeigt. Aber diese Jagd- und Revierarbeit nimmt nur wenige Stunden pro Tag in Anspruch, bei meinen eigenen Wolfbeobachtungen waren die Tiere selten mehr als vier bis fünf Stunden täglich aktiv. Wildtierbeobachtungen können daher auch sehr langweilig und langatmig sein, bei Wölfen beobachtet man zum Beispiel die meiste Zeit schlafende Tiere...

Ja, ich weiß genau, was einigen Lesern jetzt geradezu auf der Zunge liegt: Wölfe sind aber keine Hunde. Natürlich nicht, wie bereits mehrfach in diesem Buch erwähnt. Aber trotzdem ist der Beschäftigungsdrang bei „normalen" Hunden, die nicht als Spezialisten überzüchtet wurden, ähnlich ausgeprägt wie bei Wölfen. So konnte ich zum Beispiel bei afrikanischen Dorfhunden praktisch das gleiche Zeitschema beobachten wie bei den Wölfen. Fast 80% des Tages ruhten die Hunde, um dann wenige Stunden aktiv zu sein. Auch hier wurde in den Wachphasen sozialer Kontakt gepflegt, das Revier durchstreift und Nahrung besorgt. Allerdings besteht die Nahrung dieser Hunde nicht aus Großwild wie häufig beim Wolf. Hier sind die Beutetiere manchmal Ratten und Mäuse, den Hauptteil der Nahrung dieser sehr ursprünglichen Hunde macht aber menschlicher Abfall aus. Trotzdem sind die Aktiv- und Ruhezeiten fast deckungsgleich mit denen von Wölfen...

Und jetzt liegt sicher wieder vielen Lesern ein „aber" auf der Zunge: Viele denken jetzt, dass man diese ursprünglichen Hunde nicht mit unseren modernen Rassehunden vergleichen kann. Das hätte ich bei meinen Feldforschungen sicher anfangs

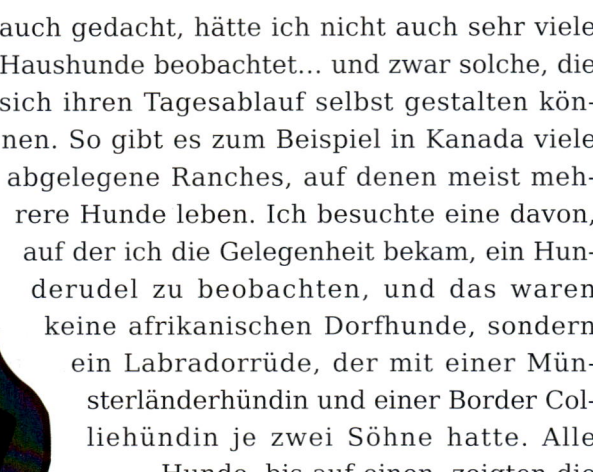

auch gedacht, hätte ich nicht auch sehr viele Haushunde beobachtet... und zwar solche, die sich ihren Tagesablauf selbst gestalten können. So gibt es zum Beispiel in Kanada viele abgelegene Ranches, auf denen meist mehrere Hunde leben. Ich besuchte eine davon, auf der ich die Gelegenheit bekam, ein Hunderudel zu beobachten, und das waren keine afrikanischen Dorfhunde, sondern ein Labradorrüde, der mit einer Münsterländerhündin und einer Border Colliehündin je zwei Söhne hatte. Alle Hunde, bis auf einen, zeigten die gleichen Aktiv- und Ruhezeiten wie die von mir beobachteten Dorfhunde und Wölfe, wobei wichtig zu erwähnen ist, dass kein Mensch diese Zeiten beeinflusste. Aber was glauben sie, welcher Hund sich nicht an die Ruhezeiten hielt? Richtig, die Border Colliehündin...

Bitte glauben sie nun nicht, ich wolle mit diesen Zeilen bezwecken, dass Sie Ihre(n) Hund(e) den ganzen Tag nur herumliegen lassen sollen. Selbstverständlich bin ich nicht der Überzeugung, dass Hunde keine Beschäftigung bräuchten, ich glaube vielmehr, dass ein Hund eine angemessene Zeit des Tages mit rassegerechter Beschäftigung verbringen sollte. Aber ein Hund, der zu viel machen muss, ständig bespaßt wird und dadurch nicht ausreichend lange Ruhezeiten einhalten kann, um sich zu regenerieren und seine innere Ruhe zu finden, dem fehlt letztendlich die Ausgeglichenheit, ein problemloser Begleiter eines Menschen zu sein.

„Kannst Du denn auch schön „sitz" machen?"

Da gibt es etwas, das mich regelmäßig ins Erstaunen versetzt: Wenn Menschen einen fremden Hund kennen lernen, fragen sie ihn bei der ersten Kontaktaufnahme häufig, ob er denn auch „... schön „sitz" machen kann?!" Die Reaktion des so angesprochenen Hundes kann dann ganz unterschiedlich ausfallen. Einige setzen sich erwartungsvoll vor diesen Menschen und hoffen mit über Monate erprobtem, herzzerreißend süßem Blick auf ein Leckerchen... das sie dann meist auch mit erfreuten Kommentaren wie „Ja, so ist es aber brav!" und strahlendem Menschengesicht gereicht bekommen. Andere setzen sich ebenfalls hin, scheinen dabei aber eher zu denken: „Meine Güte, selbstverständlich kann ich mich hinsetzen. Jeder Hund kann das. Für wie blöde halten die Menschen uns eigentlich?!" Wieder andere bleiben entweder einfach stehen oder drehen sich genervt um, gehen ihrer Wege und insgeheim warte ich auf den Tag, an dem einer von diesem Typus im Weggehen die Augen verdreht, so wie wir Menschen es tun, wenn uns etwas wirklich anfängt zu nerven.

Wie unterschiedlich die Reaktion des Hundes auch sein mag, fast noch interessanter ist die Frage, warum Menschen diese Frage an Hunde richten.

Oftmals sogar in geradezu grotesken Situationen. Da wird zum Beispiel die Adoption eines Hundes aus dem Tierheim erwogen, nach dem Ablaufen der endlos scheinenden Zwingerreihen kommt ein Kandidat in die engere Auswahl. Holt der Tierpfleger diesen dann aus dem Zwinger, um ihn dem potentiellen neuen Halter vorzustellen, wird dieser Hund, der sich unbändig freut, der Monotonie des Zwingeralltags für einen noch so kleinen Augenblick zu entkommen, der vielleicht Hoffnung schöpft, dass sich nach endloser Zeit des Wartens endlich jemand für ihn interessiert, der eine Chance erhofft, diesem Furchtbaren hier zu entfliehen, doch tatsächlich gefragt, ob er „sitz" machen kann.

Ist es vielleicht die eigene Unsicherheit oder Sprachlosigkeit gegenüber diesem Geschöpf, das uns ansieht, die uns solche Fragen stellen lässt? Ich habe mir jedenfalls angewöhnt, lieber zu fragen: „Na, wie geht`s Dir denn?" und dann gut zuzuhören, was der Hund mir erzählen möchte.

Hunde die bellen, beißen nicht

WUFF!

Bellen ist ein akustisches Kommunikationsmittel, das der Hund in vielen Situationen einsetzt. Sei es als Spielaufforderung, zur Begrüßung, aus Schreck, als Drohung oder zur Kontaktaufnahme mit anderen über eine größere Entfernung. Der Wolf benutzt diese Form der Lautgebung wesentlich seltener, meist zeigt er nur ein kurzes Warnwuffen, um die Familie zu informieren, wenn etwas nicht stimmt. In anderen Situationen heult, jault oder knurrt ein Wolf eher, während ein Hund in vergleichbaren Situationen schon bellen würde. Laut Desmond Morris (Dogwatching, 1996) soll es Berichten zufolge Wölfe gegeben haben, die in der Nachbarschaft von Haushunden das Bellen „gelernt", also verstärkt gezeigt haben. Das könnte durchaus sein, wenn man zum Beispiel die Hypothese in Betracht zieht, dass die Hunde deshalb mehr bellen, um den „begriffstutzigen" Menschen etwas nachdrücklicher mitzuteilen, was sie zu sagen haben. Das würde dann bedeuten, dass Wölfe zwar bellen können, dies aber nicht oft tun, weil sie sich untereinander anders verständigen können. Hunde, die sich an der Seite des Menschen entwickelt haben, haben ebenso ihr Bellverhalten weiterentwickelt, um in der Menschenwelt besser bestehen zu können und mehr Gehör zu finden. Interessant ist hier auch die Feststellung, dass „ursprüngliche" Hunde, die weniger engen Kontakt zum Menschen pflegen, häufig auch wesentlich weniger bellen. So seien hier afrikanische Straßenhunde genannt oder auch die wieder verwilderte Haushundform, der australische Dingo. Aber auch

diesen Umstand sollte man nicht als eisernes Gesetz der Kyno-
logie verstehen. So bin ich seit vielen Jahren ein begeisterter
Halter der sehr ursprünglichen, nordischen Hunderasse der
Samojeden. Diese gelten wirklich als Paradebeispiel einer
ursprünglichen, nicht durch übermäßige Zuchtauswahl dege-
nerierten Hunderasse. Aber wissen Sie, was meine bisherigen
Samojeden ganz besonders gut beherrschten? Richtig, sie
konnten bislang alle bellen wie die Weltmeister... Aber das ist
eine andere Geschichte. Hier wollen wir uns mit dem sehr häufig zitierten Spruch beschäftigen, dass Hunde, die bellen, nicht
beißen. Also, eines ist bei dem Spruch natürlich völlig klar: Kein
Hund der Welt kann beides gleichzeitig tun, bellen und beißen.
Da brauchen wir nicht lange zu diskutieren, so betrachtet ist
der Spruch sicher richtig. ☺

Aber ich denke, so ist er nicht gemeint. Er suggeriert viel eher,
dass ein Hund, der viel bellt, ein Feigling ist, der sowieso nicht
beißt, und diese Denkweise birgt ein nicht zu unterschätzendes
Gefahrenpotential, weil sie nicht stimmt. Obgleich man einräu-
men muss, dass der Grundgedanke hier auch nicht
vollkommen falsch ist. Ein Hund, der lärmt und
bellt, ist im Allgemeinen um Kommunikation
bemüht. Je unsicherer der Hund ist, desto inten-
siver wird er bellen. Als Beispiel: Sie betreten ein
fremdes Grundstück und ein bellender Hund
stellt sich Ihnen in den Weg. Der
Hund möchte Ihnen mitteilen,
dass Sie hier nichts zu
suchen haben und
Sie verschwin-
den sollen.
Ignorieren Sie
den Hund und
gehen Sie ein-

fach weiter auf ihn zu, wird sich das Bellen verstärken und sich hysterischer anhören. Der Hund ist jetzt unsicher, weil der Mensch, also Sie, seine Kommunikationsversuche missachtet haben. Er sagt jetzt eindeutig, dass er eigentlich nicht beißen will, es aber tun wird, wenn Sie noch näher kommen...

Gehen Sie jetzt also trotz dieser eindeutigen Warnung einfach weiter, kann es passieren, dass der Hund aufhört zu bellen – und zubeißt. Damit sagt er Ihnen noch nachdrücklicher, dass Sie sich zurückziehen sollen, und er wird dabei deshalb so drastisch, weil er sich Ihnen bisher ja nicht verständlich machen konnte. In diesem Fall wäre es also grundverkehrt gewesen anzunehmen, dass bellende Hunde nicht irgendwann auch mal zubeißen könnten.

Nun ist es häufig so, dass die Hunde, die das meiste Getöse veranstalten, relativ unsicher sind. Sie möchten eine Auseinandersetzung möglichst vermeiden und „sprechen" (bellen) daher laut und deutlich, damit der Mensch sie auch versteht. Der selbstbewusste Hund bellt vielleicht weniger, weil er sich nicht so vor der Auseinandersetzung fürchtet. Aber bitte bedenken Sie, dass all dies Annahmen und Beispiele zur Verdeutlichung sind, keine wissenschaftlich bewiesenen Tatsachen oder unantastbare Regeln.

Menschen werden weitaus seltener von Hunden gebissen, als man vermuten mag. Der „Klügere" gibt meist nach... Aber trotzdem können Hunde beißen, und wenn es in ihren Augen gar nicht anders geht, wenn sie sich, ihr Revier oder ihre Familie ernsthaft bedroht sehen, werden sie es auch tun. Allerdings, bevor sie beißen, sprechen sie meist mit uns, indem sie bellen oder knurren. Und so lange sie dies tun, beißen sie (noch) nicht...

Wenn der Hund mit dem Schwanz wedelt, freut er sich!

Tatsächlich kann es sein, dass ein Hund wedelt, weil er sich freut. Zum Beispiel darüber, dass seine Menschen gerade nach Hause zurückkehren oder dass mit ihm gespielt oder sein Futter zubereitet wird.

Genauer betrachtet befindet sich ein Hund, der mit dem Schwanz wedelt, aber oftmals in einem Konflikt, in dem er nicht so genau weiß, wie er mit der aktuellen Situation umgehen soll. Er freut sich zum Beispiel, jemanden zu sehen, traut sich aber nicht so recht, diesen auch wirklich zu begrüßen, zum Beispiel weil ihm ein anderer Hund den Weg zu ihm versperrt und er es nicht wagt, vorbei zu gehen. Es könnte aber auch sein, dass er sich in einer ungewohnten Situation befindet und sich nicht entscheiden kann, was er jetzt tun soll. Schließlich ist es aber auch möglich, dass er sich kurz vor einem Angriff auf einen Gegner oder eine Beute befindet und seine aufgestaute, noch zurückgehaltene Spannung durch Hin- und Herwedeln der Rute abbaut. Ein Dackel zum Beispiel, der gerade dabei ist einen Kaninchenbau auszuheben,

wedelt auch – aber sicher nicht, weil er sich freut, gleich das Kaninchen zu sehen. Er hat die notwendige Spannung aufgebaut, die er benötigt, um das Kaninchen zu jagen und zu töten, und die schier überschäumende Energie wird durch das Wedeln abgebaut...

Ein Hund kann aber auch aufgeregt sein, wenn sich ein Fremder dem Grundstück nähert. Er weiß einfach nicht, was er machen soll, ist unsicher, weil er den Fremden nicht kennt und dessen Absichten nicht interpretieren kann. Er ist dann in dem Konflikt, ob er angreifen, flüchten oder die anderen durch Bellen warnen soll, und die aufgebaute Spannung dieses inneren Konflikts kanalisiert sich im Wedeln. Bei grober menschlicher Fehlinterpretation könnte man jetzt annehmen, dass sich der Hund über den fremden Besucher freut.

Mit anderen Worten: Wenn ein Hund mit dem Schwanz wedelt, ist das nicht immer ein Zeichen von Freude. Es ist in erster Linie ein Zeichen für Aufregung und natürlich kann man auch vor Freude aufgeregt sein, aber Aufregung kann auch andere Gründe haben. Deshalb muss immer der gesamte Kontext der Situation und das übrige Ausdrucksverhalten des Hundes betrachtet werden, um wirklich beurteilen zu können, ob dieser aus Freude wedelt oder eher aus Unsicherheit, Unterwürfigkeit oder Anspannung vor einem Angriff.

Der will doch nur spielen

Wenn ich eine Hitliste der unsinnigsten Sprüche rund um Hunde aufstellen müsste, dann könnte sich dieses „Der will doch nur spielen!" sicherlich über eine Spitzenposition freuen. Spielen, dieses ritualisierte Lebenstraining ohne ernsthafte Konsequenzen, wird ein Hund sicher nur mit einem Lebewesen, das er als ungefährlich einstuft. Läuft ein erwachsener Hund also auf einen ihm völlig unbekannten Menschen oder Artgenossen zu, dann möchte er zunächst einmal rausfinden, ob diese Ungefährlichkeit gegeben ist.

Wie bereits in den vorherigen Kapiteln beschrieben, ist dem Hund seine eigene Familie und sein Territorium sehr wichtig, weil beides seine Existenzgrundlage bildet. Er hat daher zu den eigenen Familienmitgliedern, ob es sich dabei nun um einen Menschen, einen Hund oder selbst einen Papagei handelt, ein ganz anderes Verhältnis als zu Vertretern der Arten, die er nicht kennt. Deshalb kann jedes fremde Lebewesen, das sich ihm nähert, eine potentielle Bedrohung sein, weshalb für ihn geklärt werden muss, was es im Schilde führt. Wie benimmt es sich? Freundlich, feindselig, fordernd, zurückhaltend, unterwürfig oder eher dominant? Was sind seine Absichten? Entpuppt es sich als Freund oder Feind? Muss man es verscheuchen, weil es ein ernsthafter Konkurrent um Ressourcen im eigenen Familienrevier ist, versucht es, einen selbst zu vertreiben oder ist beides nicht der Fall?

Dann spielt schließlich noch die Rassedisposition, das Alter und die individuellen Erfahrungen eine große Rolle. Manche Rassen sind deutlich verspielter als andere und ein junger Hund ist viel eher am Spiel interessiert als ein älterer, auch seine Annäherung ist noch unbedarfter. Einige Rassen haben eine deutlich

höhere Territorialaggression als andere und werden deshalb auf eigenem Grund und Boden sehr wenig ans Spielen und viel mehr an das Bewachen des Grundstücks denken.

Die Erfahrungen früherer Begegnungen entscheiden darüber, mit welchen Gefühlen und Erwartungen der Hund in eine Begegnung hineingeht. Wurde er schon von Fremden attackiert, wird er vorsichtiger und misstrauischer sein als einer, der bisher immer nur freundliche Hunde und Menschen getroffen hat.

Viele weitere Faktoren könnten genannt werden, die darüber entscheiden, ob ein Hund spielen will oder nicht. Ist er müde, hat er Schmerzen, wie ist seine Stimmung, ja selbst das Wetter kann eine Rolle spielen! Fragen Sie einen Rhodesian Ridgeback zum Beispiel mal, wie viel Lust zum Spielen er bei strömendem Regen hat. Also, Hunde möchten nicht mit jedem fremden Individuum einfach nur spielen. Sie möchten erst einmal die jeweilige Situation beurteilen, was natürlich nicht heißen soll, dass nach erfolgter Abklärung nicht auch gespielt wird… ☺

Und zum Schluss...

...möchte ich Ihnen noch eine unglaubliche, aber wahre Geschichte erzählen, die ich vor einiger Zeit erlebt habe.

Ich ging mit meinen beiden Hunden eine gerade Straße in der Feldflur entlang, als ich zwei Hundehalter beobachten konnte, die sich ebenfalls auf dieser Straße befanden. Allerdings bewegten sie sich nicht, sondern standen im Abstand von ca. 15 Metern einfach nur da. Oder genauer gesagt: Die Menschen standen, ihre Hunde saßen. Ich dachte, „Gut, die wollen mich vorbeilassen." und ging mit meinen Hunden zügig vorbei. Doch als ich die Hunde und ihre Halter passiert hatte, hörte ich, wie sich zwischen den Menschen ein Streit entfachte. Sie sagten sich gegenseitig in lautem, unfreundlichen Ton, dass der jeweils andere doch nun endlich weitergehen möge. Da begriff ich erst, was der Grund für das merkwürdige Verhalten war. Die Menschen hatten offensichtlich beide „gelernt", dass man seinen eigenen Hund bei Hundebegegnungen absitzen lässt, bis der andere Hund mit seinem Besitzer einen selbst passiert hat – und beide hielten sich nun strikt an diese Anweisung. Im Ernst, beide standen da, mit dem sitzenden Hund vor sich und warteten, dass der jeweils andere vorbeigeht – weil man es ja so in der Hundeschule gelernt hatte. Es war wie an einer Kreuzung, an der jeder Autofahrer anhält und dem jeweils anderen durch Handzeichen oder das Betätigen der Lichthupe signalisiert, er möge doch fahren, während der das Gleiche tut.

Diese Situation amüsierte mich auf der einen Seite, erschreckte mich aber auf der anderen. In diesem aberwitzigen Moment wurde mir schlagartig klar, welchen Einfluss fehlerhafte Informationen auf Hundehalter und somit auch auf die Hunde haben können. Die Halter waren wirklich bemüht alles richtig zu machen, aber eine Situation, die ihnen nicht vom Trainer vorgeführt worden war, konnten sie nicht bewältigen. Unglaublich, aber wirklich so geschehen. Da wundert es mich nicht, dass auch so viele unglaubliche Sprüche und Weisheiten von den Hundehaltern als Wahrheit angesehen werden. Sie wissen es nicht anders und sind durch die Flut der unterschiedlichen Informationen so verunsichert, dass sie „den Wald vor lauter Bäumen nicht sehen".

Dabei würde eine gesunde Portion Menschenverstand und ein Hören auf das gute alte Bauchgefühl schon viele Probleme von allein lösen. So wird sich jeder halbwegs vernünftige Mensch vorstellen können, dass die Hunde der sich inzwischen heftig streitenden Menschen alles andere als eine positive Erfahrung machten. Durch die Stimmungsübertragung bekamen sie doch ganz klar den Eindruck vermittelt, dass dieser andere Mensch mit seinem Hund der Grund des Ärgers war. Zur Konfrontation kam es dann dadurch, dass sich die Situation zuerst zum Stillstand und dann zur Eskalation entwickelte – und vorbei war es mit der Lektion „Wie bewältigen wir ruhig und anständig eine Begegnung mit anderen Hunden und ihren Haltern?!"

Denn inzwischen bellten und knurrten die Hunde ebenfalls. Wären die Leute einfach freundlich grüßend, eventuell in einem kleinen Bogen aneinander vorbei gegangen, wäre die Begegnung sicher viel entspannter verlaufen.

Aber dieses sture Verharren an einem Punkt, das Herüberstarren (Fixieren) und das lautstarke Wortgefecht haben die Situation letztlich eskalieren lassen. Schlimmer noch, beide Hundehalter konnten ihren Tieren nicht vermitteln, dass sie souveräne Führungspersönlichkeiten sind, mit denen man ruhig und gelassen durch das Leben kommt, wenn man sich an ihnen orientiert. Im Gegenteil, das erreichte, wenn auch sicher nicht beabsichtigte „Lernziel" war an diesem Tag: Entgegenkommende Hunde und Menschen sind potentielle Störenfriede, die lautstark bekämpft werden müssen...

Warum ich diese Geschichte am Ende dieses Buches erzähle? Nun, weil mir die beiden Hundehalter persönlich bekannt sind und die in diesem Buch angesprochenen Halbwahrheiten, Fehlinterpretationen und Irrtümer von ihnen immer wieder unkritisch zitiert bzw. angewendet werden. Sie beten stur nach, was ihnen von irgendjemandem erzählt wurde oder was sie in irgendeinem Buch gelesen haben.

Deshalb mein Rat an jeden Hundehalter: Informationen sammeln, kritisch hinterfragen und recherchieren, sich herausziehen, was für die eigene Mensch-Hund-Beziehung passt – und vor allem den Hund von Zeit zu Zeit fragen, was er dazu meint. Ich wünsche Ihnen und Ihrem Hund viel Freude bei der gemeinsamen „Forschungsarbeit". ☺

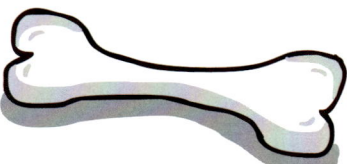

Quellenangaben/ Literaturhinweise

- „Hundepsychologie" von Dr. Dorit Urd Feddersen-Petersen, Kosmos Verlag 2004
- Brockhaus, Ausgabe in einem Band, 9. Auflage 2002
- Brockhaus, Ausgabe in 15 Bänden, 2002
- Freie Enzyklopädie Wikipedia (http://de.Wikipedia.org). Steht unter der GNU-Lizenz für freie Dokumentation (http://www.Gnu.org/Lizensees/fdl.txt). In der Wikipedia ist eine Liste der Autoren verfügbar.
- MSN Encarta
- „Enzyklopädie der Säugetiere" von David MacDonald, Könemann, 2003
- „Dominanz - Tatsache oder fixe Idee?!" von Barry Eaton, animal learn Verlag
- „Calming Signals – Die Beschwichtigungssignale der Hunde" von Turid Rugaas, animal learn Verlag
- Zeit Online Artikel „Neurodidaktik" zur Gehirnforschung, http://www.zeit.de/2003/39/Neurodidaktik
- „Dogwatching" von Desmond Morris, Weltbild Verlag 1996
- „Hunde können beißen; aber Luftballons und Pantoffeln sind gefährlicher" von Janis Bradley, animal learn Verlag 2008
- „Hunde" von Ray + Lorna Coppinger, animal learn Verlag
- „Der Wolf im Hundepelz" von G. Bloch, Kosmos Verlag
- „Der Hund" von Erik Zimen, Goldmann Verlag
- Max-Delbrück-Centrum Berlin, www.mdc-Berlin.de, Artikel: „Innere Uhren bestimmen den Takt des Lebens".
- www.biologie-online.eu/verhaltensbiologie/chronobiologie.php
- 3sat.online, Artikel: „Eine einzige Aminosäure ist der Schalter der inneren Uhr."
- Hundezeitung.de, Artikel: „Die innere Uhr"

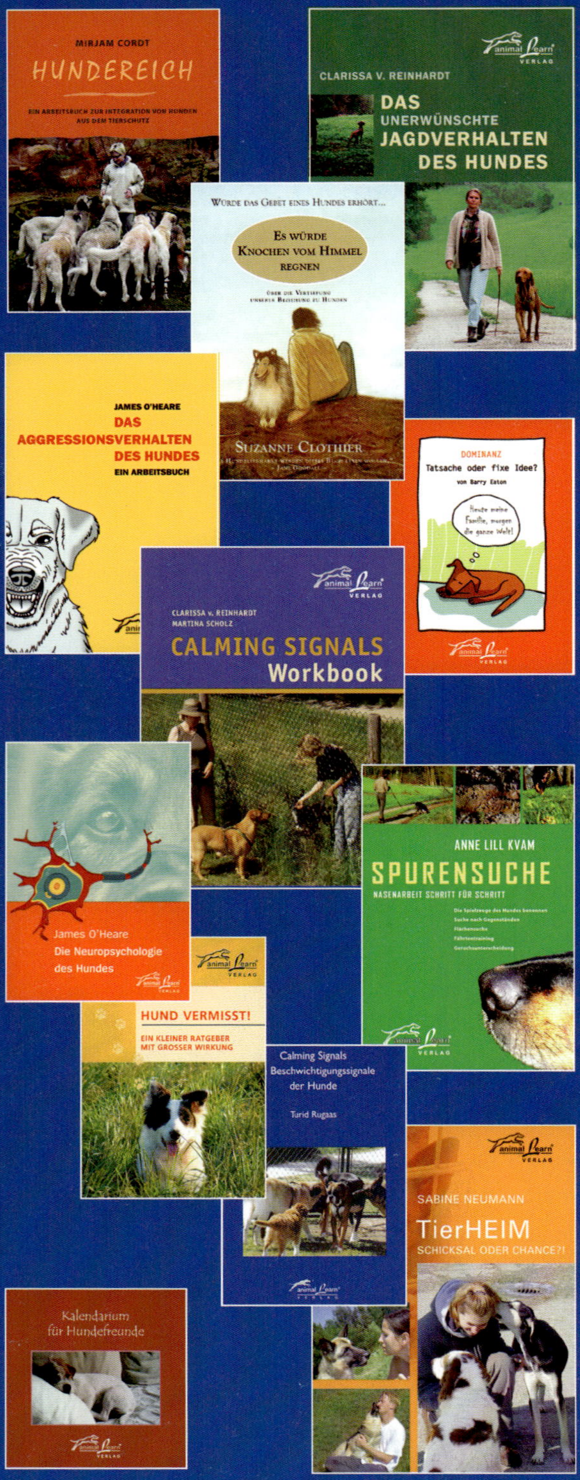

animal Learn®
VERLAG

Über Hunde lernen,
von Hunden lernen –
über Hunde lesen!

Besuchen Sie uns im
Internet unter
www.animal-learn.de
oder fordern Sie kostenlos
unser Verlagsprogramm an.

animal learn Verlag
Am Anger 36
D-83233 Bernau

Telefon +49(0)8051/96171-
Telefax +49(0)8051/96171-1
animal.learn@t-online.de

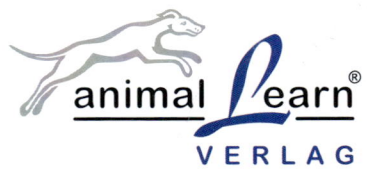